普通高等教育"十三五"规划教材（计算机专业群）

数据库系统原理与应用
上机实验指导与课程设计

主　编　司冠南　曹梅红

副主编　刘　捷

中国水利水电出版社

www.waterpub.com.cn

·北京·

内 容 提 要

数据库原理与应用是高等教育本科院校计算机相关专业的一门主干课程。对于应用型本科学生，学好这门课不仅需要扎实的理论基础，还需要大量的上机实践与综合实训。本书基于 SQL Server 2008 数据库系统和 Java 开发语言为数据库原理与应用课程提供了实验指导教材。

本书包含上机实验指导与课程设计指导两部分。上机实验指导部分共包含九个实验。实验一主要练习 SQL Server 2008 的安装；实验二主要练习数据库、表的创建和管理；实验三、四、五主要练习对数据库表中数据的插入、查询、删除、修改等操作；实验六、七主要练习数据库安全性、完整性约束的实现；实验八主要练习数据库的备份与恢复；实验九通过两个具体实例对数据库系统的需求分析、系统设计、数据库构建的全过程进行了综合练习。

课程设计指导部分共包含八个结合具体应用实际的软件系统开发任务。任务一是人事管理系统；任务二是超市销售管理系统；任务三是客房管理系统；任务四是学生信息管理系统；任务五是网上书店管理系统；任务六是办公室日常管理系统；任务七是轿车销售信息管理系统；任务八是机票预订管理系统。

本书可作为应用型本科和高职高专学生学习数据库原理与应用的教材，也可作为相关人员的技术培训教材和自学参考书。

图书在版编目（CIP）数据

数据库系统原理与应用上机实验指导与课程设计 /
司冠南，曹梅红主编. -- 北京：中国水利水电出版社，
2016.8
　普通高等教育"十三五"规划教材. 计算机专业群
　ISBN 978-7-5170-4545-8

Ⅰ. ①数… Ⅱ. ①司… ②曹… Ⅲ. ①数据库系统－
高等学校－教学参考资料 Ⅳ. ①TP311.13

中国版本图书馆CIP数据核字(2016)第162523号

策划编辑：石永峰　责任编辑：李　炎　加工编辑：夏雪丽　封面设计：李　佳

书　　名	普通高等教育"十三五"规划教材（计算机专业群） 数据库系统原理与应用上机实验指导与课程设计 SHUJÜKU XITONG YUANLI YU YINGYONG SHANGJI SHIYAN ZHIDAO YU KECHENG SHEJI
作　　者	主　编　司冠南　曹梅红 副主编　刘　捷
出版发行	中国水利水电出版社 （北京市海淀区玉渊潭南路 1 号 D 座　100038） 网址：www.waterpub.com.cn E-mail：mchannel@263.net（万水） 　　　　sales@waterpub.com.cn 电话：(010) 68367658（营销中心）、82562819（万水）
经　　售	全国各地新华书店和相关出版物销售网点
排　　版	北京万水电子信息有限公司
印　　刷	三河市鑫金马印装有限公司
规　　格	184mm×260mm　16 开本　15.25 印张　374 千字
版　　次	2016 年 8 月第 1 版　2016 年 8 月第 1 次印刷
印　　数	0001—3000 册
定　　价	32.00 元

前　　言

　　数据库原理与应用是高等教育本科院校计算机相关专业的一门主干课程。对于应用型本科学生,学好这门课不仅需要扎实的理论基础,还需要大量的上机实践与综合实训。SQL Server 2008 数据库系统界面直观、操作简单、功能强大,是本科学生进行实践训练的良好工具。而 Java 开发语言以其跨平台、多线程及强大的网络编程功能,成为应用最广泛的面向对象编程语言,是配合数据库系统进行综合实训的理想工具。本书正是基于 SQL Server 2008 数据库系统和 Java 开发语言为数据库原理与应用课程提供的实践指导教材。

　　本书以适用于初学者为目的进行编排,知识难度控制在初学者能接受的范围内。在章节编排和教学内容的编写上,力求符合课程理论的教学规律,并在所提供的应用案例中附有大量实际代码,以帮助初学者更好地掌握实践技能。

　　本书包含上机实验指导与课程设计指导两部分。

　　上机实验指导部分共包含九个实验。实验一主要练习 SQL Server 2008 的安装;实验二主要练习数据库、表的创建和管理;实验三、四、五主要练习对数据库表中数据的插入、查询、删除、修改等操作;实验六、七主要练习数据库安全性、完整性约束的实现;实验八主要练习数据库的备份与恢复;实验九通过两个具体实例对数据库系统的需求分析、系统设计、数据库构建的全过程进行了综合练习。

　　课程设计指导部分共包含八个结合具体应用实际的软件系统开发任务。

　　任务一以人事管理系统为背景,针对各种不同种类的信息,建立合理的数据库结构,以提高人事管理的工作效率和工作质量;

　　任务二以超市销售管理系统为背景,开发易用的程序帮助超市工作人员利用计算机提高工作效率;

　　任务三以宾馆客房管理系统为背景,实现对宾馆的客房管理、客户信息管理和订房服务管理等功能;

　　任务四以学生信息管理系统为背景,进行相关系统开发;

　　任务五以网上书店管理系统为背景,开发处理网上购书和库存的系统;

　　任务六以办公室日常管理系统为背景,开发具有文件信息管理、考勤信息管理、会议记录管理、通知公告管理等功能的软件系统;

　　任务七以轿车销售信息管理系统为背景,帮助汽车销售公司管理其销售信息,实现办公的信息化;

　　任务八以机票预订管理系统为背景,面向广大机票预订网点,开发供航空公司管理人员通过电脑操作进行机票预订管理的软件系统。

　　本书由司冠南、曹梅红任主编,刘捷任副主编,其中第一部分实验一至实验六由曹梅红编写，第一部分实验七至实验九由刘捷编写，第二部分由司冠南编写，全书由司冠南最后统稿，参与本书编写和录入工作的还有庞希愚、徐硕博老师，在此一并表示感谢。

由于作者水平有限，书中难免存在不足之处，恳请读者批评指正。

司冠南　曹梅红

2016 年 5 月 15 日于济南

E-mail: siguannan@163.com

目　　录

第二部分　课程设计指导

第一部分　上机实验指导

实验一　SQL Server 2008 的安装

1.1　实验目的与要求

（1）掌握 SQL Server 2008 服务器的安装。

（2）掌握 SQL Server 配置管理器的基本使用方法。

（3）掌握 Microsoft SQL Server Management Studio 的基本使用方法。

（4）了解数据库及其对象。

1.2　实验准备

（1）了解 SQL Server 2008 各种版本安装的软、硬件要求。

（2）了解 SQL Server 2008 支持的身份验证模式。

（3）SQL Server 2008 各组件的主要功能。

（4）对数据库、表、数据库对象有一个基本了解。

（5）了解 Microsoft SQL Server Management Studio 的各主要组件。

1.3　实验内容

1. 安装 SQL Server 2008

根据软硬件环境，选择一个合适版本的 SQL Server 2008。安装步骤请参照主教材《数据库系统原理与应用》的相关内容。

2. SQL Server 配置管理器的基本操作

（1）SQL Server 2008 配置管理器的启动、暂停、停止。

（2）SQL Server 2008 配置管理器的各项属性设置，包括默认登录名和密码、启动模式等的变更。

3. SQL Server Management Studio 的主要组件和基本操作方式

（1）启动 SQL Server Management Studio 并连接服务器，正确调出和隐藏主要的组件，包括已注册的服务器、对象资源管理器、解决方案资源管理器、模板资源管理器、摘要页和文档窗口。

（2）更改环境布局，包括关闭和隐藏组件、移动组件和取消组件停靠等。

（3）查看并更改文档布局，包括选项卡式文档布局和 MDI 环境模式。

实验二　数据库、表的创建和管理

2.1　实验目的与要求

（1）了解 SQL Server 数据库的逻辑结构和物理结构。

（2）了解表的结构特点。

（3）了解 SQL Server 的基本数据类型。

（4）了解空值的概念。

（5）学会在 SQL Server Management Studio 中创建数据库和表。

（6）学会使用 T-SQL 语句创建数据库和表。

2.2　实验准备

（1）要明确能够创建数据库的用户必须是系统管理员，或是被授权使用 CREATE DATABASE 语句的用户。

（2）创建数据库必须要确定数据库名、所有者（即创建数据库的用户）、数据库大小（最初的大小、最大的大小、是否允许增长及增长的方式）和存储数据的文件。

（3）确定数据库包含哪些表，各表的结构，了解 SQL Server 的常用数据类型。

（4）了解两种常用的创建数据库、表的方法。

2.3　实验内容

1. 创建数据库和数据表

（1）在 SQL Server Management Studio 中创建用于学生选课管理的数据库 xssjk。

要求：数据库 xssjk 初始大小为 10MB，最大为 50MB，数据库自动增长，增长方式是按 5%的比例增长；日志文件初始为 2MB，最大可增长到 5MB，按 1MB 增长。

具体操作步骤如下：在"对象资源管理器"中，展开"服务器"，选中"数据库"文件夹→单击鼠标右键→选择"新建数据库"（如图 2.1（a）所示）→自动跳转到"新建数据库"窗口→按照要求设置各数值的大小。

注意，"自动增长"的设置需要单击扩展按钮 ⋯ ，弹出"更改 xssjk（或 xssjk_log）的自动增长设置"对话框后进行相应的值设置（如图 2.1（b）所示），设置完成后，单击"确定"按钮，返回到"新建数据库"窗口，再次单击"确定"按钮，即创建了名为 xssjk 的数据库。

数据库的逻辑文件名和物理文件名均采用默认值，分别为 xssjk_DATA 和 C:...\MSSQL\DATA\xssjk.MDF；事务日志的逻辑文件名和物理文件名也均采用默认值，分别为 xssjk_LOG 和 C:...\MSSQL\DATA\xssjk_LOG.LDF。

（a）

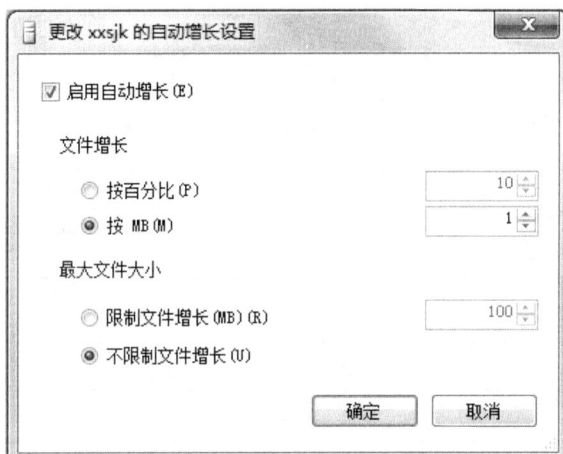

（b）

图 2.1　创建数据库

在 SQL Server Management Studio 的对象资源管理器中选中数据库 xssjk→单击鼠标右键→选择"删除"命令，可以删除选中的数据库。

（2）在数据库 xssjk 中创建用于存储学生、班级、课程以及选课等信息的数据表。

在 SQL Server 2008 的数据库中，文件夹是按数据库对象的类型建立的，文件夹名是该数据库对象名。当在对象资源管理器中选择服务器和数据库文件夹，并打开已定义好的 xssjk 数据库后，会发现它自动设置了关系图、表、视图、存储过程、用户、角色、规则、默认等文件夹。

数据库 xssjk 中具体包含下列 4 个表：

● student：学生基本信息表。
● class：班级信息表。

- course：课程信息表。
- SC：选课信息表。

各表的结构分别如表 2.1、表 2.2、表 2.3 和表 2.4 所示。

表 2.1　学生表结构

student（学生）

列名	描述	数据类型	允许空值	说明
sno	学号	varchar(20)	NO	主键
sname	姓名	varchar(50)	NO	
age	年龄	int	YES	
sex	性别	char(2)	YES	
dept	所在系	varchar(50)	YES	

表 2.2　班级表结构

class（班级）

列名	描述	数据类型	允许空值	说明
clno	班级号	char(5)	NO	主键
speciality	班级所在专业	varchar(20)	NO	
inyear	入校年份	char(4)	NO	
number	班级人数	int	YES	小于 1，小于 100
monitor	班长学号	char(7)	YES	外部码

表 2.3　课程表结构

course（课程）

列	描述	数据类型	允许空值	说明
cno	课程号	varchar(20)	NO	主键
cname	课程名	varchar(50)	NO	
credit	学分	float	YES	
pcno	先行课	varchar(20)	YES	
describe	课程描述	varchar(100)	YES	

表 2.4　选课表结构

SC（选课）

列	描述	数据类型	允许空值	说明
sno	学号	varchar(20)	NO	主键（同时都是外键）
cno	课程号	varchar(20)	NO	
grade	成绩	float	YES	

例如，要建立 SC 表，在 SQL Server Management Studio 中展开数据库 xssjk→选中"表"文件夹单击鼠标右键→选择"新建表"→输入 SC 表各字段信息→单击"保存"图标→输入表名"SC"，即创建了表 SC，结果如图 2.2 所示。按同样的操作过程创建其他表。

在 SQL Server Management Studio 中选择数据库 xssjk 中的表 SC→单击鼠标右键→选择"删除"，即可以删除已经创建的表 SC。

列名	数据类型	允许 Null 值
🔑 sno	varchar(20)	☐
▶🔑 cno	varchar(20)	☐
grade	float	☑
		☐

图 2.2　创建 SC 表

2. 定义表的完整性约束和索引

表的约束包括码（主键）约束、外键约束（关联或关系约束）、唯一性约束、Check（检查）约束 4 种。这些约束可以在表属性对话框中定义。

（1）定义索引和键。

选中表 Course→单击鼠标右键→选择"设计"→单击图标 管理索引和键，其界面如图 2.3 所示。

图 2.3　"索引/键"对话框

1）查看、修改或删除索引时，先要在"选定的主/唯一键或索引"列表框中选择索引名，其索引内容就显示在右侧列表框中。需要时，可以直接在右侧列表框中修改索引内容。如改变索引列名、改变排序方法等。对于不需要的索引可以选中后单击"删除"按钮，直接删除此索引。

2）新建一个索引时，单击"添加"按钮，并在右侧界面中输入索引名、索引列名及排列顺序。

（2）定义表间关联。

选中表 Student→单击鼠标右键→选择"设计"→单击图标 ，打开"外键关系"对话框，其界面如图 2.4 所示。

1）查看、修改或删除表关联时，先要在"选定的关系"列表框中选择关系名，其关联内容就显示在右侧列表框中。需要时，可以直接在本界面中修改关联内容，例如改变主键、改变外键等。对于不需要的关联可以选中后单击"删除"按钮，直接删除此关联。

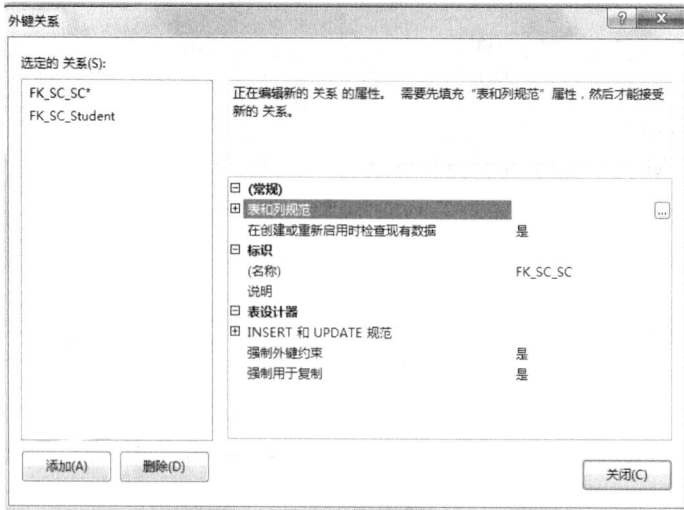

图 2.4　"外键关系"对话框

2）在"外键关系"对话框中，设置"在创建或重新启用时检查现有数据"，来确定新建关联时是否对数据进行检查，要求符合外键约束；设置"强制外键约束"，确认在对数据插入和更新时，是否符合外键约束；设置"强制用于复制"，确定在进行数据复制时是否要符合外键约束；设置"更新规则"和"删除规则"，确认被参照关系的主键未被修改时，是否也将参照表中对应的外键值进行修改，而被参照关系的码值被删除时，是否也将参照表中对应外键的记录删除。

3）新建一个关联时，单击"添加"按钮，选择库中的关联表（参照表）后，单击"表和列规范"选项右侧的展开按钮，进入如图 2.5 所示界面中将相同的字段对应起来即可创建表间关系（若对应不起来则无法创建）。

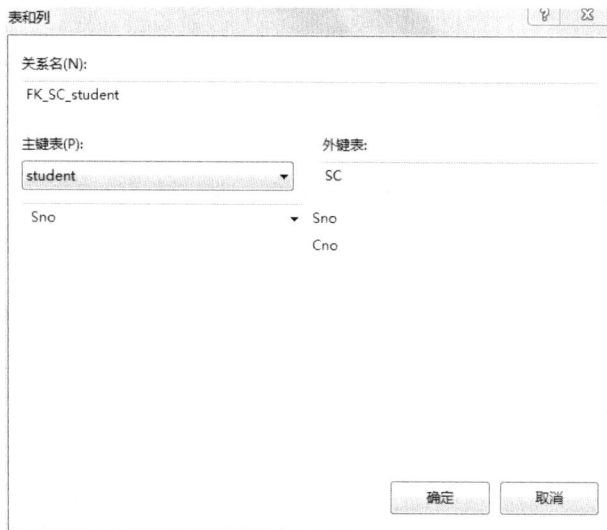

图 2.5　"表和列"对话框

（3）定义 CHECK 约束。

选中表 Class→单击鼠标右键→选择"设计"→单击图标▣管理 Check 约束，打开"CHECK 约束"对话框，其界面如图 2.6 所示。

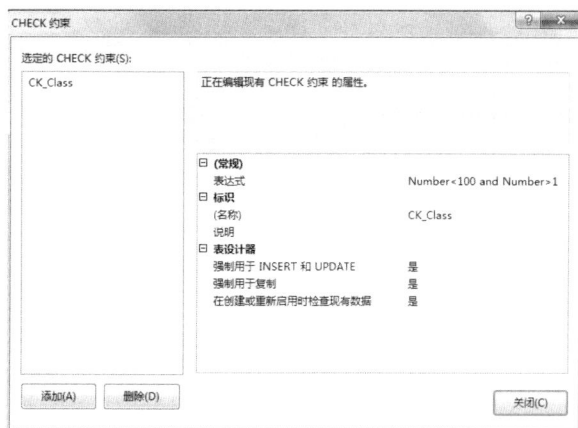

图 2.6　"CHECK 约束"对话框

1）查看、修改或删除 CHECK 约束时，先要在"选定的 CHECK 约束"列表框中选中约束名，需要时，可以直接在右侧"表达式"中修改约束表达式。对于不需要的 CHECK 约束可以选中后单击"删除"按钮，直接删除此约束。

2）新建一个 CHECK 约束时，单击"添加"按钮，并在表中输入名称和表达式即可。

3）设置"在创建或重新启用时检查现有数据"，确认在创建约束时是否对表中数据进行检查，要符合约束要求；设置"强制用于复制"，确认对数据复制时是否要求符合约束条件；设置"强制用于 INSERT 和 UPDATE"，确认在进行数据插入和数据修改时，是否要求符合约束条件。

3．修改表结构

当需要对创建好的表修改结构时，首先在对象资源管理器中找到该表，选中后单击鼠标右键，在弹出的快捷菜单中选择"设计"项，在窗口右侧就会弹出该表，如图 2.7 所示，用户可对原有内容进行修改。

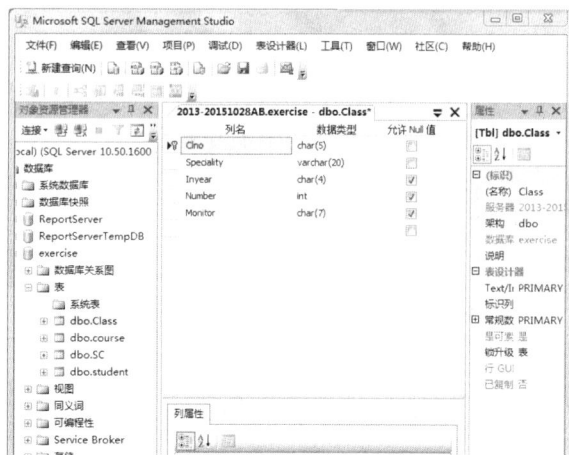

图 2.7　设计表窗口

4. 使用 T-SQL 语句创建数据库、数据表，修改表结构

（1）使用 T-SQL 语句创建数据库。

启动查询编辑器，在"查询"窗口中输入如下 T-SQL 语句：

```
CREATE DATABASE xssjk
ON
(name='xssjk_ data ',
filename='c:\program files\microsoft\mssql\data\ xssjk_data.mdf',
size=10mb,
maxsize=50mb,
filegrowth=5%)
LOG ON
(name='xssjk_log ',
filename='c:\program files\microsoft\mssql\data\ xssjk_log.ldf',
size=2mb,
maxsize=5mb,
filegrowth=1mb)
GO
```

单击快捷工具栏的执行图标执行上述语句，并在 SQL Server Management Studio 的对象资源管理器中查看执行结果。

（2）使用 T-SQL 语句创建 student、class、course 和 SC 表。

启动查询编辑器，在"查询"窗口中输入如下 T-SQL 语句：

```
USE xssjk
GO
CREATE TABLE student
(sno varchar(20) PRIMARY KEY,
  sname varchar(50) NOT NULL,
  age int,
  sex char(2),
  dept varchar(50)
)
GO
```

单击快捷工具栏的执行图标执行上述语句，即可创建表 student。用同样的操作过程创建其他表，并在 SQL Server Management Studio 中查看结果。

（3）使用 T-SQL 语句修改表结构。

可以使用 ALTER 语句增加、删除或修改字段信息。

例如，为学生表中"年龄"字段增加约束，限制年龄至少要 15 岁，语句如下：

ALTER TABLE student ADD CONSTRAINT AGE CHECK(AGE>15)

例如，在学生表中增加"班级"字段为字符型，长度为 50，语句如下：

ALTER TABLE student ADD class varchar(50) NULL

例如，修改学生表中"班级"字段的长度为 20，语句如下：

ALTER TABLE student ALTER COLUMN class varchar(20)

例如，删除学生表中的"班级"字段，语句如下：

ALTER TABLE student DROP COLUMN class

2.4 注意事项

（1）创建数据表时如果出现错误，应采用相应的修改结构或删除结构的方法。

（2）注意数据库的主键、外键和数据约束的定义。

2.5 思考题

（1）数据库中一般不允许更改主键数据。如果需要更改主键数据时，应怎样处理？

（2）为什么不能随意删除被参照表中的主键？

实验三　表数据的操作

3.1　实验目的与要求

（1）学会在 SQL Server Management Studio 中对表进行插入、修改和删除数据操作。

（2）学会使用 T-SQL 语句对表进行插入、修改和删除数据操作。

（3）了解 T-SQL 语句对表数据操作的灵活控制功能。

3.2　实验准备

（1）要了解对表数据的插入、修改、删除都属于表数据的更新操作，对表数据的操作可以在 SQL Server Management Studio 中进行，也可以使用 T-SQL 语句实现。

（2）要掌握 T-SQL 中用于对表数据进行插入、修改和删除的命令，分别是 INSERT、UPDATE 和 DELETE（或 TRUNCATE TABLE）。

（3）要了解使用 T-SQL 语句对表数据进行插入、修改及删除时，比在 SQL Server Management Studio 中操作表数据更灵活，功能更强大。

3.3　实验内容

（1）在 SQL Server Management Studio 中向 student 表插入记录。

要求：记录不少于 10 条，不仅满足数据的约束要求，还要有表间关联的记录。

具体操作步骤如下：在对象资源管理器中展开 xssjk 数据库中的"表"文件夹→选中"student"表→单击鼠标右键→选择"编辑前 200 行"→逐字段输入各记录值，输入完成后，关闭表窗口。用同样的方法可向其他表中插入记录。

（2）在 SQL Server Management Studio 中删除数据库 xssjk 中表的数据。

要求：在对象资源管理器中删除表 student 的第 2 和第 8 行。

具体操作步骤如下：在对象资源管理器中展开 xssjk 数据库中的"表"文件夹→选中"student"表→单击鼠标右键→选择"编辑前 200 行"→选择要删除的行→单击鼠标右键→选择"删除"→关闭表窗口。为了防止误操作，SQL server 2008 将弹出一个警告框，要求用户确认删除操作，单击"确认"按钮即可删除记录，也可通过先选中一行或多行记录，然后再按"Delete"键的方法一次删除多条记录，如图 3.1 所示。

（3）在 SQL Server Management Studio 中将表 student 中某学号记录的年龄改为 21。

具体操作步骤如下：在对象资源管理器中展开 xssjk 数据库中的"表"文件夹→选中"student"表→单击鼠标右键→选择"编辑前 200 行"→将光标定位至指定学号记录的 age 字段，将值改为 21。

（4）使用 T-SQL 命令分别向 xssjk 数据库的 student 表中插入一行记录。

启动查询编辑器，在"查询"窗口中输入如下 T-SQL 语句：

```
USE xssjk
GO
INSERT INTO student
VALUES(1,'李明',21,'男','数理系')
GO
```

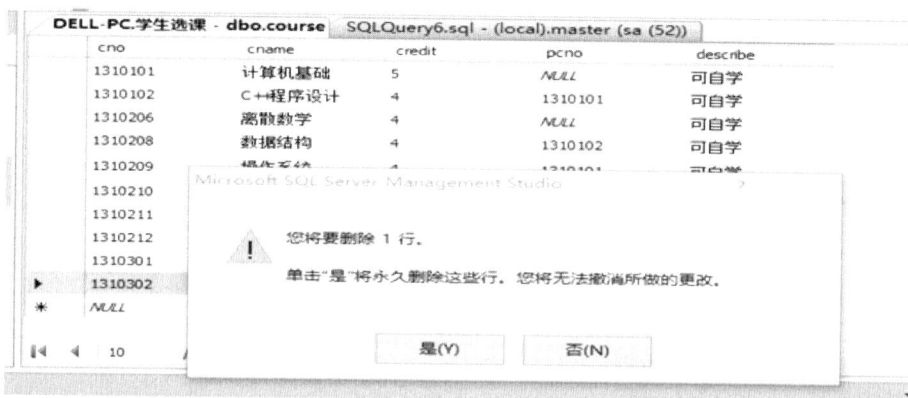

图 3.1　删除表中的数据

然后，再次启动查询编辑器，在"查询"窗口中输入如下 T-SQL 语句：

```
USE xssjk
GO
SELECT *
FROM student
GO
```

或者直接在对象资源管理器中打开 xssjk 数据库的 student 表，观察其变化。

（5）使用 T-SQL 命令修改表中某个记录的字段值。

启动查询编辑器，在"查询"窗口中输入如下 T-SQL 语句：

```
USE xssjk
GO
UPDATE student
SET age=25
WHERE sno=1
GO
```

（6）给每个学生选修三门课，在期末时给每门课一个成绩。如张林同学选修了计算机基础这门课，期末的考试成绩为 95 分，SQL 语句如下：

```
INSERT INTO SC(sno,cno) VALUES ('001101','1310101')
UPDATE SC
SET grade=95
WHERE sno='001101' and cno='1310101';
```

（7）使用 T-SQL 命令修改表 student 中所有记录的值，将 sno 全部+1。

启动查询编辑器，在"查询"窗口中输入如下 T-SQL 语句：

```
USE xssjk
GO
UPDATE student
SET sno=sno+1
GO
```

（8）使用 TRUNCATE TABLE 语句删除表中所有行。

启动查询编辑器，在"查询"窗口中输入如下 T-SQL 语句：

```
USE xssjk
GO
TRUNCATE TABLE student
GO
```

单击快捷工具栏的执行图标，执行上述语句，将删除 student 表中的所有行。

3.4   注意事项

（1）输入数据时要注意数据类型。

（2）使用 TRUNCATE TABLE 语句删除表中所有行，实验时一般不要轻易执行这个操作，因为后面实验还要用到这些数据。如要实验该命令的效果，可创建一个临时表，输入少量数据后进行。

3.5   思考题

向实验二建立的表中输入数据，并修改其中的一条或多条数据，再删除部分或全部数据，最后使用 SQL Server Management Studio 观察各表中数据的变化情况。

实验四　数据库的简单查询和连接查询

4.1　实验目的与要求

（1）掌握 SELECT 语句的基本语法。
（2）掌握子查询的表示。
（3）掌握连接查询的表示。
（4）掌握 SELECT 语句的统计函数的作用和使用方法。
（5）掌握 SELECT 语句的 GROUP BY 和 ORDER BY 子句的作用和使用方法。

4.2　实验准备

（1）了解 SELECT 语句的基本语法格式。
（2）了解 SELECT 语句的执行方法。
（3）了解子查询的表示方法。
（4）了解 SELECT 语句的统计函数的作用。
（5）了解 SELECT 语句的 GROUP BY 和 ORDER BY 子句的作用。

4.3　实验内容

1. 简单查询的使用
（1）求数学系学生的学号和姓名。执行如下语句：
```
SELECT sno,sname
FROM student
WHERE dept='数学系';
```
（2）求选修了课程的学生学号。执行如下语句：
```
SELECT distinct(sno)
FROM SC;
```
（3）求选修课程号为 1310101 的学生学号和成绩。执行如下语句：
```
SELECT distinct(sno),grade
FROM SC
WHERE cno='1310101' ;
```
（4）求选修课程号为 1310101 的成绩在 80～90 分之间的学生学号和成绩，并将成绩乘以系数 0.8 输出。执行如下语句：
```
SELECT distinct(sno),grade*0.8 as 'score'
FROM SC
```

```
WHERE cno='1310101' and grade between 80 and 90;
```

（5）求数学系或计算机系姓张的学生的信息。执行如下语句：

```
SELECT *
FROM student
WHERE dept in ('数学系','计算机系') and sname like '张%';
```

（6）求缺少了成绩的学生的学号和课程号。执行如下语句：

```
SELECT sno,cno
FROM SC
WHERE grade is null;
```

2. 子查询的使用

求选修课程号为 1310101 的学生的基本信息。执行如下语句：

```
SELECT *
FROM student
WHERE sno = (SELECT sno
             FROM SC
             WHERE cno ='1310101');
```

3. 连接查询的使用

（1）查询每个学生的情况以及他（她）所选修的课程。执行如下语句：

```
SELECT student.*,course.cname
FROM student,SC,course
WHERE student.sno=sc.sno and sc.cno=course.cno;
```

（2）求学生的学号、姓名、选修的课程名及成绩。执行如下语句：

```
SELECT student.sno,sname,cname,grade
FROM student,SC,course
WHERE student.sno=sc.sno and sc.cno=course.cno;
```

（3）求选修离散数学课程且成绩为 90 分以上的学生学号、姓名及成绩。执行如下语句：

```
SELECT student.sno,sname,grade
FROM student,SC,course
WHERE student.sno=SC.sno and SC.cno=course.cno and cname='离散数学' and grade>=90;
```

（4）查询每一门课的间接先行课（即先行课的先行课）。执行如下语句：

```
SELECT first.cno,second.pcno
FROM course as first,course as second
WHERE first.pcno=second.cno;
```

4. 统计函数的使用

（1）求学生的平均年龄。在查询编辑器的窗口中输入如下语句并执行：

```
SELECT avg(age)
FROM student;
```

运行结果如图 4.1 所示。

（2）求学生性别为男性的总人数。在查询编辑器的窗口中输入如下语句并执行：

```
SELECT count(sex)
```

FROM student WHERE sex='男';

运行结果如图 4.2 所示。

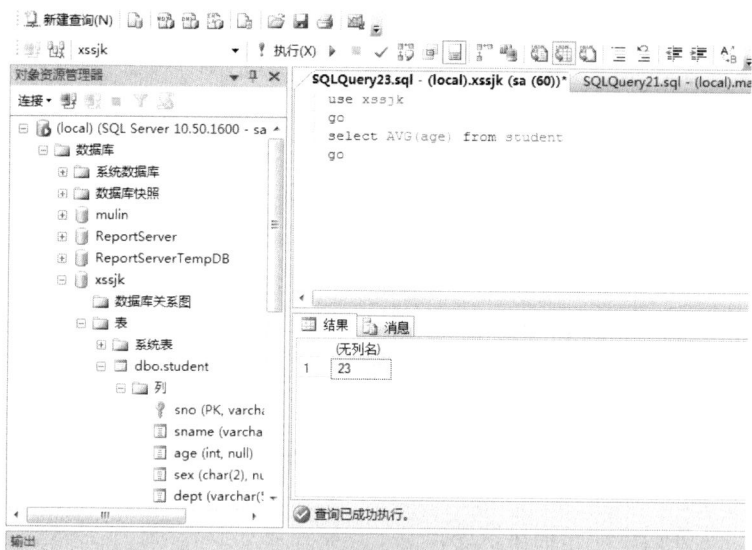

图 4.1 学生的平均年龄

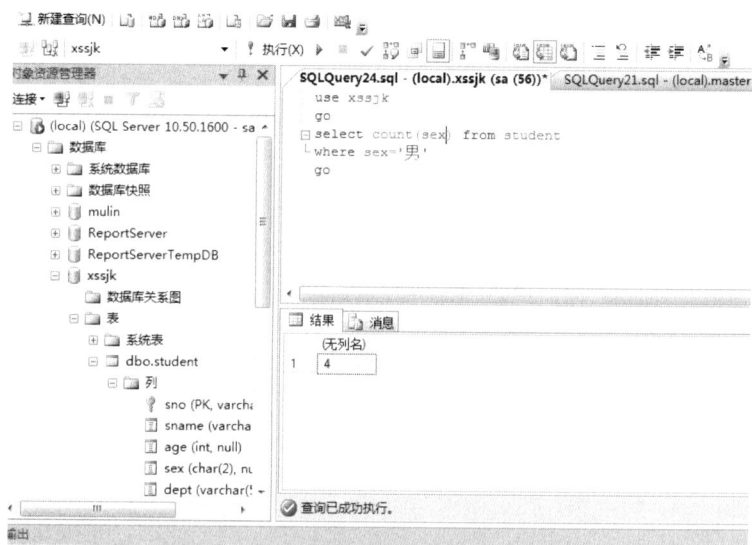

图 4.2 学生性别为男性的总人数

5. GROUP BY、ORDER BY 子句的使用

（1）按系别进行分组并统计各系的学生总数并对总数降序排列。使用 AS 子句将结果中学生总数的标题指定为总数。在查询编辑器的窗口中输入如下语句并执行：

```
SELECT dept, count(dept) AS 总数
FROM student
GROUP BY dept
ORDER BY count(dept) desc;
```

（2）求选修课程号为 1310101 的学生学号和成绩，并要求对查询结果按成绩降序排列，如果成绩相同则按学号升序排列。

```
SELECT distinct(sno),grade
FROM SC
WHERE cno='1310101'
ORDER BY grade desc,sno asc;
```

4.4　注意事项

（1）查询结果的几种处理方式。
（2）内连接、左外部连接和右外部连接的含义及表达方法。
（3）输入 SQL 语句时应注意，语句中均使用英文操作符号。

4.5　思考题

（1）如何提高数据查询和连接速度。
（2）分析各种查询方式适用的问题环境，并对比查询结果的异同。

实验五　高级查询

5.1　实验目的与要求

（1）进一步掌握 SQL Server 查询分析器的使用方法，加深对 T-SQL 语言嵌套查询语句的理解。

（2）使用 IN、比较符、ANY 或 ALL 和 EXISTS 操作符嵌套查询。

（3）使用函数查询。

（4）使用计算和分组计算查询。

5.2　实验准备

（1）了解 IN、比较符、ANY 或 ALL 和 EXISTS 操作符的用法。

（2）了解嵌套查询的执行方法。

（3）了解函数查询的表示方法，包括统计函数和分组统计函数的使用方法。

（4）了解计算和分组计算查询的表示方法。

5.3　实验内容

（1）求选修了离散数学的学生学号和姓名。执行如下语句：

```
SELECT sno, sname
FROM student
WHERE sno IN (SELECT sno
              FROM SC
              WHERE cno IN
                      (SELECT cno
                       FROM course
                       WHERE cname='离散数学');
```

运行结果如图 5.1 所示。

（2）求课程号为 1310101 的课程中成绩高于张林的学生的学号和成绩。执行如下语句：

```
SELECT sno,grade
FROM SC
WHERE cno='1310101' and grade>
                      (SELECT grade
                       FROM SC
                       WHERE cno='1310101' and sno=
```

```
( SELECT sno
FROM student
WHERE sname='张林'));
```

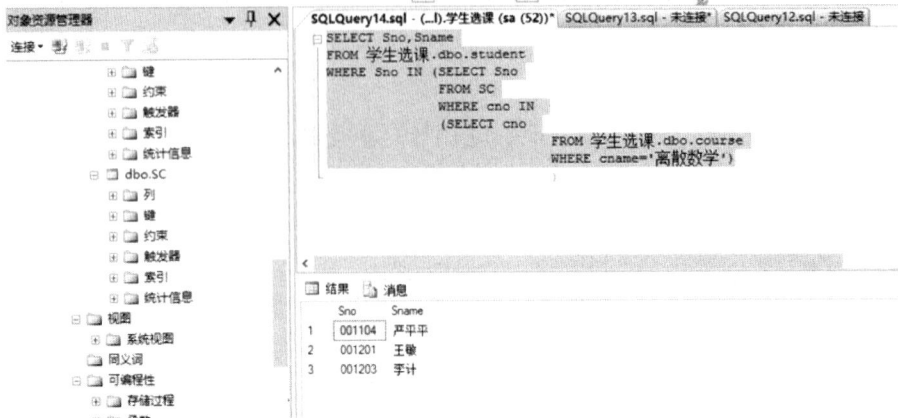

图 5.1 选修了离散数学的学生学号和姓名

（3）求其他系中年龄小于计算机系年龄最大者的学生。执行如下语句：

```
SELECT *
FROM student
WHERE dept<>'计算机系' and age<
                    (SELECT max(age)
                     FROM student
                     WHERE dept='计算机系');
```

运行结果如图 5.2 所示。

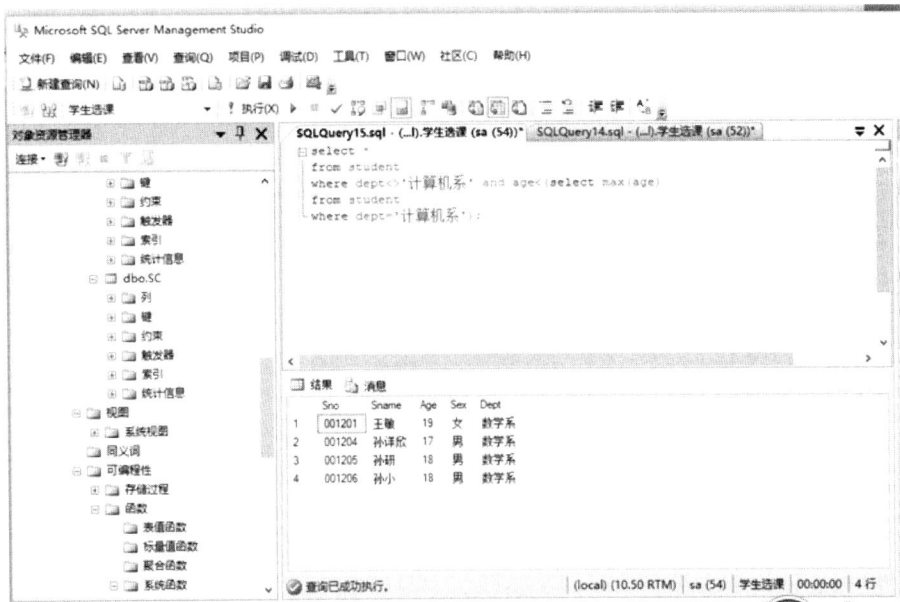

图 5.2 其他系中年龄小于计算机系年龄最大者的学生

（4）求其他系中比计算机系学生年龄都小的学生。执行如下语句：

```
SELECT *
FROM student
WHERE dept<>'计算机系' and age<
                            ( SELECT min (age)
                              FROM student
                              WHERE dept='计算机系');
```

（5）求选修了 1310206 课程的学生姓名。执行如下语句：

```
SELECT sname
FROM student
WHERE sno IN (SELECT sno
              FROM SC
              WHERE cno='1310206');
```

（6）求没有选修 1310206 课程的学生姓名。执行如下语句：

```
SELECT sname
FROM student
WHERE sno not IN (SELECT sno
                  FROM SC
                  WHERE cno='1310206');
```

（7）查询选修了全部课程的学生的姓名。执行如下语句：

```
SELECT sname
FROM student
WHERE EXISTS
            (SELECT *
             FROM course
             WHERE EXISTS
                        (SELECT *
                         FROM SC
                         WHERE sno=student.sno and cno=course.cno));
```

（8）求至少选修了学号为 "001103" 的学生所选修的全部课程的学生学号和姓名。执行如下语句：

```
SELECT sno,sname
FROM student
WHERE sno IN
          (SELECT scx.sno
           FROM SC scx
           WHERE not EXISTS
                      (SELECT *
                       FROM SC scy
                       WHERE scy.sno='001103' and not exists
                                  (SELECT *
                                   FROM SC scz
                                   WHERE scz.sno=scx.sno and scz.cno=scy.cno))) ;
```

（9）查询选修计算机基础的成绩高于平均成绩的学生学号、成绩。执行如下语句：

```
SELECT x.sno,x.grade
FROM SC as x
WHERE x.grade>(
            SELECT avg(y.grade)
            FROM SC as y,course as c
            WHERE c.cname='计算机基础') and x.cno =
                            (SELECT cno
                            FROM course
                            WHERE cname ='计算机基础');
```

运行结果如图 5.3 所示。

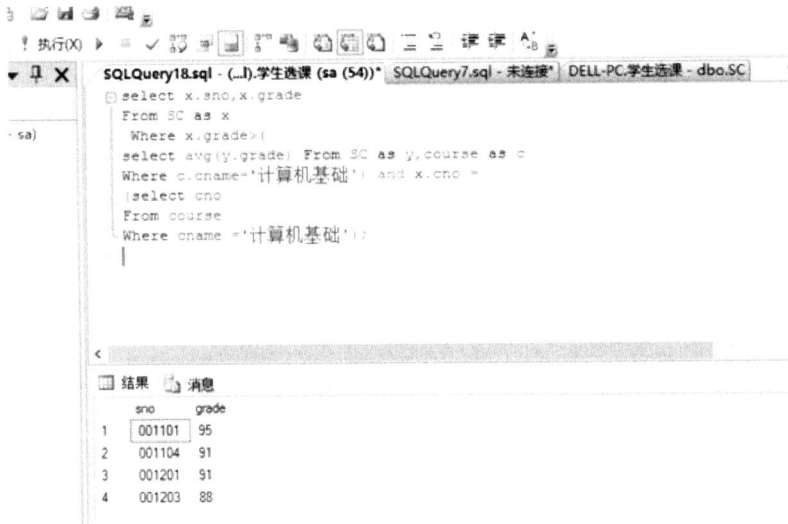

图 5.3　成绩高于平均成绩的学生学号、成绩

（10）求选修计算机基础课程的学生的平均成绩。执行如下语句：

```
SELECT avg(grade)
FROM SC
WHERE sno IN
            (SELECT sno
            FROM SC
            WHERE cno=
                    (SELECT cno FROM course
                    WHERE cname='计算机基础'));
```

（11）列出各系学生的总人数，并按人数进行降序排列。执行如下语句：

```
SELECT dept,count(*) as total
FROM student
GROUP BY dept
ORDER BY total desc;
```

运行结果如图 5.4 所示。

图 5.4 各系学生的总人数，并按人数进行降序排列

（12）统计各系各门课程的平均成绩。执行如下语句：

SELECT dept,cno,avg(grade)

FROM student,SC

GROUP BY dept,cno；

运行结果如图 5.5 所示。

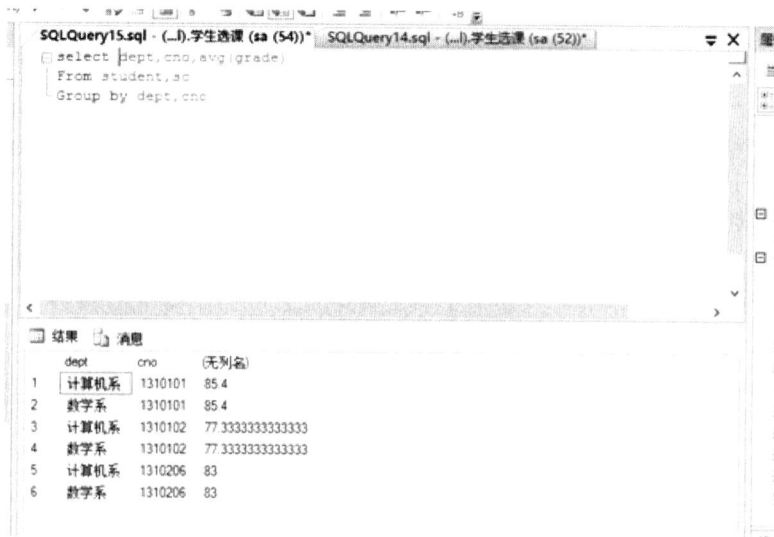

图 5.5 各系各门课程的平均成绩

（13）查询选修计算机基础和离散数学课程的学生学号和平均成绩。执行如下语句：

SELECT s1.sno,avg(grade) as 平均分

FROM SC as s1

WHERE '计算机基础' IN

　　　　　　　（SELECT cname

　　　　　　　FROM course

　　　　　　　WHERE cno IN

```
                            (SELECT s2.cno FROM SC as s2
                         WHERE s2.sno=s1.sno)) and '离散数学' IN
                                      (SELECT cname
                                   FROM course
                                   WHERE cno IN
                                           (SELECT cno FROM SC as s3
                                            WHERE s3.sno=s1.sno))
```

　　　　GROUP BY s1.sno;

（14）创建视图。

学生选课数据库中已经建立了 student、course 和 SC 三个表，结构如下：

　　　　student(sno,sname,age,sex,dept)

　　　　course(cno,cname,credit,pcno,describe)

　　　　SC(sno,cno,grade)

如果要在上述 3 个表的基础上建立一个视图，取名为 SC_VIEW，其 SQL 语句为：

```
        CREATE VIEW SC_VIEW
        AS
        SELECT student.* ,course.*,SC.grade
        FROM student,course,SC
        WHERE student.sno=SC.sno and course.cno=SC.cno;
```

5.4　注意事项

（1）输入 SQL 语句时应注意，语句中均使用英文操作符号。

（2）语句的层次嵌套关系和括号的配对使用问题。

（3）子句 WHERE（条件）表示元组筛选条件，子句 HAVING（条件）表示组选择条件。

（4）组合查询的子句间不能有语句结束符。

（5）子句 HAVING（条件）必须和 GROUP BY（分组字段）子句配合使用。

5.5　思考题

（1）试用多种形式表示实验中的查询语句，并进行比较。

（2）组合查询语句是否可以用其他语句代替，有什么不同？

（3）使用 GROUP BY（分组条件）子句后，语句中统计函数的运行结果有什么不同？

实验六　数据库安全性的实现

6.1　实验目的与要求

（1）加深对数据库安全性和完整性的理解。

（2）掌握 SQL Server 中有关用户、角色及操作权限的管理方法。

（3）学会创建和使用规则、缺省和触发器。

6.2　实验准备

（1）理解 SQL Server 的安全认证模式。

（2）理解 SQL Server 的用户和角色管理，设置和管理数据操作权限。

6.3　实验内容

1. 设置 SQL Server 的安全认证模式

（1）打开 SQL Server Management Studio，用鼠标右键单击需要设置的 SQL 服务器，在弹出的快捷菜单中选择"属性"选项，如图 6.1 所示。

（2）在弹出的"服务器属性"对话框中，选择"安全性"选项卡，如图 6.2 所示。

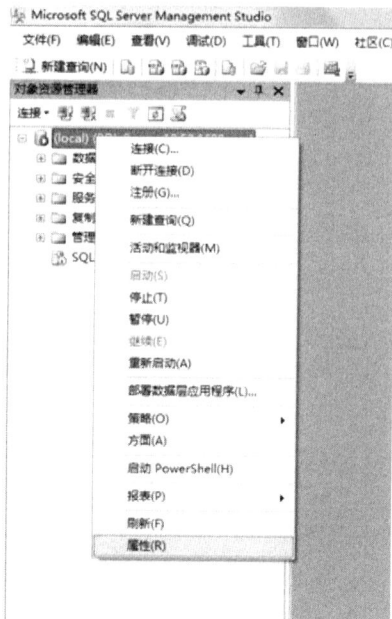

图 6.1　"属性"选项

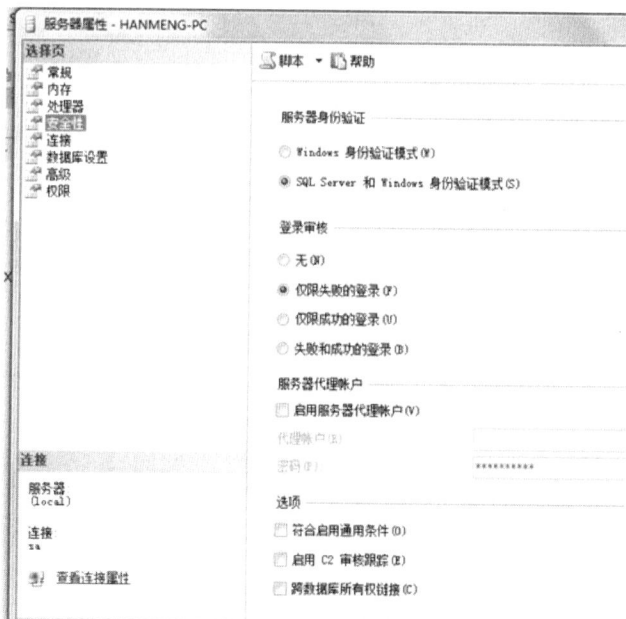

图 6.2　安全性设置页面

（3）在"安全性"选项卡中的"服务器身份验证"区域，包括两个单选钮："Windows 身份验证模式(W)"为选择集成安全认证模式；"SQL Server 和 Windows 身份验证模式(S)"为混合安全认证模式。

2．登录的管理

（1）查看安全性文件夹的内容。

使用 SQL Server Management Studio 可以创建、查看和管理登录。登录文件夹存放在 SQL 服务器的"安全性"文件夹中。进入 SQL Server Management Studio，打开指定的 SQL 服务器组和 SQL 服务器，并选择"安全性"文件夹后，就会出现如图 6.3 所示的屏幕窗口。

通过该窗口可以看出，安全性文件夹包括 6 个子文件夹：登录名、服务器角色、凭据、加密提供程序、审核和服务器审核规范。其中"登录名"文件夹用于存储和管理登录用户；"服务器角色"文件夹用于存储和管理角色。

（2）创建一个登录用户。

1）用鼠标右键单击"登录名"文件夹，在弹出的快捷菜单中选择"新建登录名"选项，如图 6.4 所示，打开"登录名-新建"属性窗口，如图 6.5 所示。该窗口中有"常规"选项卡、

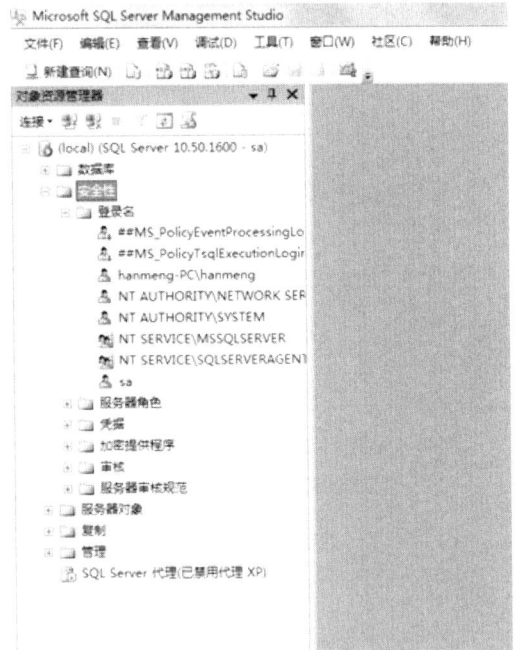

图 6.3　SQL Server 的"安全性"文件夹

"服务器角色"选项卡、"用户映射"选项卡、"安全对象"选项卡和"状态"选项卡。

图 6.4　右键快捷菜单

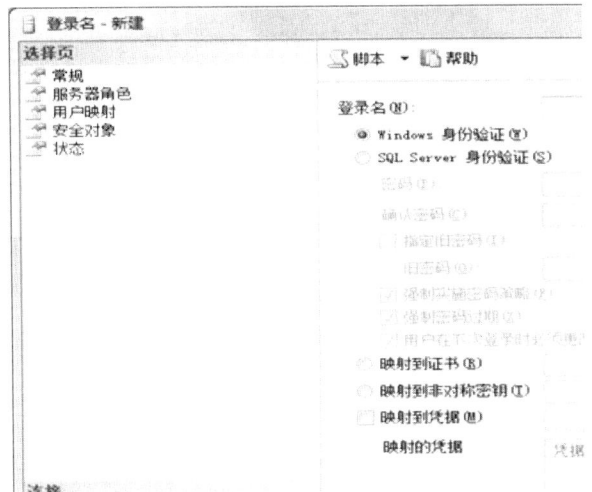

图 6.5　"常规"选项卡页面

2）在"常规"选项卡右侧窗口的"登录名"处输入用户名，选择该用户的安全认证模式，选择默认数据库和默认语言。如果使用"SQL Server 身份验证"模式，可以直接在"登录名"文本框中输入新登录名，并在下面的密码区域输入登录密码。如果选择"Windows 身份验证"，

需要单击名称右侧的"搜索…"按钮，调出"选择用户或组"对话框，如图 6.6 所示，单击"高级"按钮，再单击"立即查找"，从"搜索结果"中选择新建的登录名称，如图 6.7 所示。

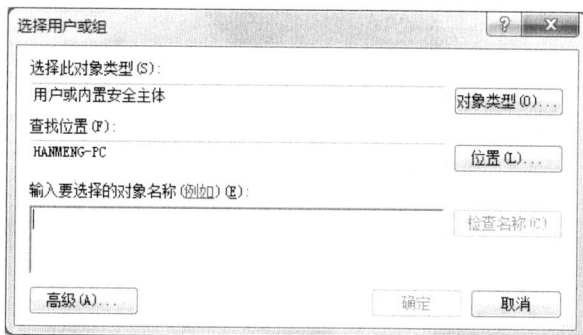

图 6.6　"选择用户或组"对话框

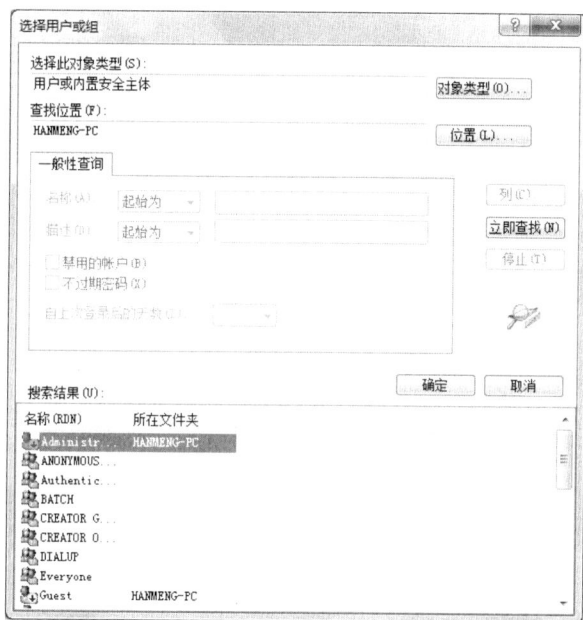

图 6.7　Windows 系统具有的默认登录用户

3）选择"服务器角色"选项卡，确定用户所属的服务器角色。"服务器角色"选项卡界面如图 6.8 所示，在"服务器角色"列表中列出了系统的固定服务器角色，在这些固定服务器角色的左侧有相应的复选框，选择某个复选框，该登录用户就成为相应的服务器角色成员了。在下面描述栏目中，列出了当前被选中的服务器角色的权限。

4）选择"用户映射"选项卡，确定用户能访问的数据库，并确定用户所属的数据库角色，如图 6.9 所示。在数据库访问选项卡右侧窗口中有两个列表框："映射到此登录名的用户"列表框中列出了该 SQL 服务器全部的数据库，单击某个数据库左侧的复选框，表示允许该登录用户访问相应的数据库，登录用户在数据库中使用的用户名可以进行修改；"数据库角色成员身份"列表框中列出了当前被选中的数据库的数据库角色清单，单击某个数据库角色左侧的复选框，表示使该登录用户成为它的一个成员。

图 6.8 "服务器角色"选项卡

图 6.9 "用户映射"选项卡

5）选择"安全对象"选项卡，单击窗口右侧的"搜索"按钮，弹出"添加对象"对话框，选择一个对象，然后单击"确定"按钮确定用户所属的安全对象，如图 6.10 所示；同时授予对象一些自己将要用到的权限，如图 6.11 所示。

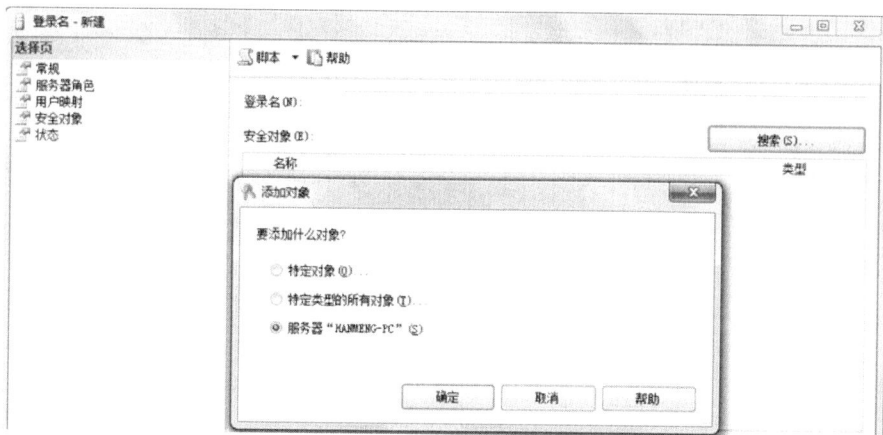

图 6.10 "安全对象"选项卡

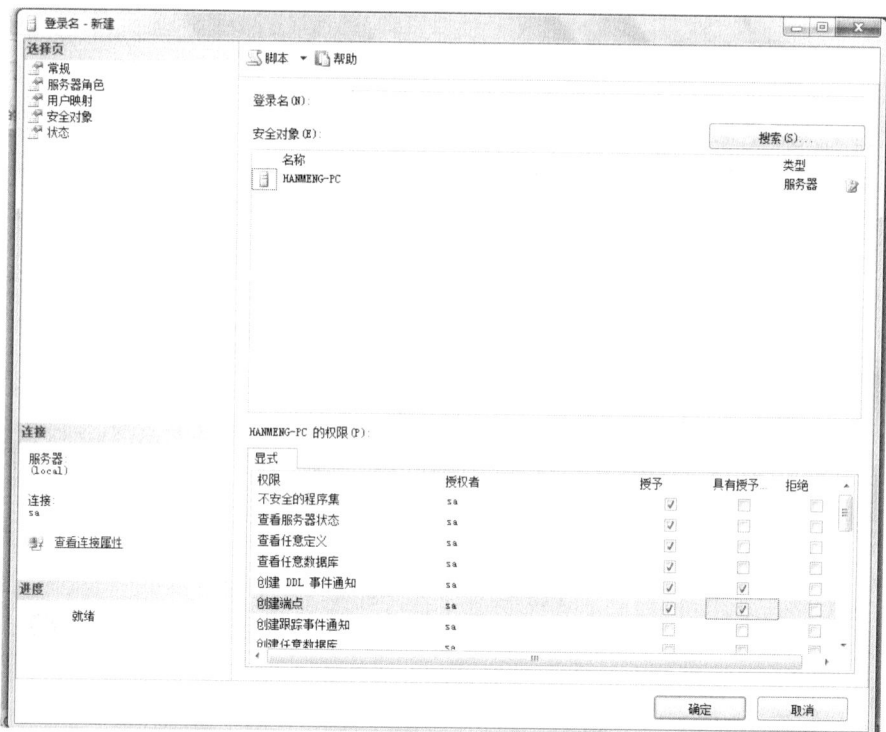

图 6.11 "安全对象"选项卡中对象权限授予

6）操作完成后，单击"状态"选项卡，查看当前登录用户的状态，如图 6.12 所示，单击"确定"按钮，即完成了创建登录用户的工作。

3. 数据库用户的管理

登录用户只有成为数据库用户（Database User）后才能访问数据库。每个数据库的用户信息都存放在系统表 sysusers 中，通过查看 sysusers 表可以看到该数据库所有用户的情况。SQL Server 的任一数据库中都有两个默认用户：dbo（数据库拥有者）和 guest（客户用户）。通过系统存储过程或 SQL Server Management Studio 可以创建新的数据库用户。

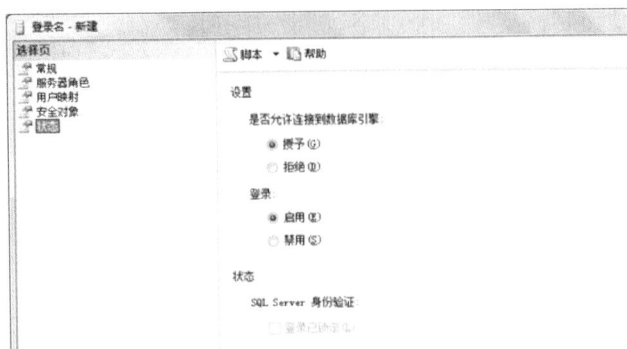

图 6.12　"状态"选项卡

（1）dbo 用户。

dbo 用户即数据库拥有者或数据库创建者，dbo 在其所拥有的数据库中拥有所有的操作权限。dbo 的身份可被重新分配给另一个用户，系统管理员 sa 可以作为他所管理系统的任何数据库的 dbo 用户。

（2）guest 用户。

如果 guest 用户在数据库中存在，则允许任意一个登录用户作为 guest 用户访问数据库，其中包括那些不是数据库用户的 SQL 服务器用户。除系统数据库 master 和临时数据库 tempdb 的 guest 用户不能被删除外，其他数据库都可以将自己的 guest 用户删除，以防止非数据库用户的登录用户对数据库进行访问。

（3）创建新的数据库用户。

在学生选课数据库中创建一个"Userl"数据库用户，具体操作步骤如下：

1）在 SQL Server Management Studio 的对象资源管理器中展开 xssjk 数据库的"安全性"文件夹。鼠标右键单击"用户"文件夹，在弹出的菜单中选择"新建用户(N)"选项，如图 6.13 所示，打开"数据库用户-新建"窗口，如图 6.14 所示。

图 6.13　数据库用户的弹出菜单

图 6.14　"数据库用户-新建"窗口

2）在窗口的"登录名"栏中选择一个 SQL 服务器登录用户名，在"用户名"文件框中输入数据库用户名。最后，在"此用户拥有的架构"和"数据库角色成员身份"列表框中选择该数据库用户拥有的架构和参加的角色，设置完成后单击"确定"按钮即可。

4．服务器角色的管理

登录用户可以通过两种方法加入到服务器角色中：一种方法是在创建登录时，通过服务器角色页面中的服务器角色选项，确定登录用户应属于的角色；另一种方法是对已有的登录，通过参加或移出服务器角色的方法，确定登录用户应属于的角色。

使登录用户加入服务器角色的具体步骤为：

（1）在对象资源管理器中扩展 SQL 服务器的"安全性"文件夹，展开"服务器角色"文件夹就会出现 9 个预定义的服务器角色，如图 6.15 所示。

（2）选中一个服务器角色，例如 public，单击鼠标右键，弹出快捷菜单，如图 6.16 所示。

图 6.15　SQL Server 的服务器角色

图 6.16　服务器角色的快捷菜单

（3）在弹出的快捷菜单中选择"属性"选项，打开"服务器角色属性-public"窗口。该窗口中有"常规"和"权限"两个选项卡："常规"选项卡用于将登录用户添加到服务器角色中或从服务器角色中移去登录用户，如图 6.17 所示；"权限"选项卡的主要功能是显示所选择的服务器角色的权限情况，如图 6.18 所示。

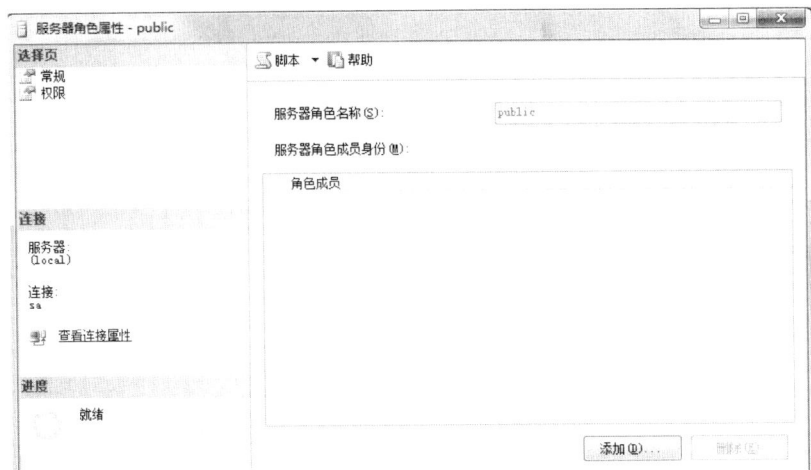

图 6.17　服务器角色属性的"常规"页面

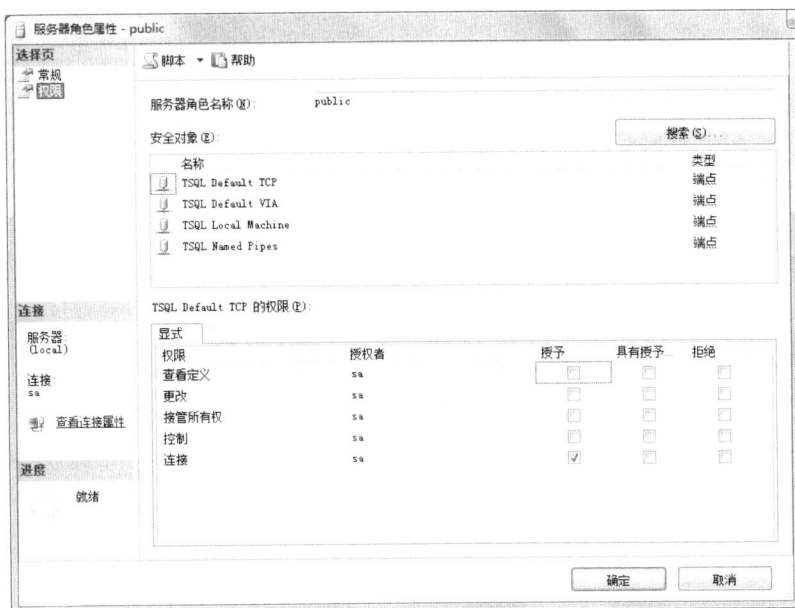

图 6.18　服务器属性"权限"页面

选择"常规"选项卡，单击"添加"按钮，在出现的"选择登录名"对话框中，选择登录名后，单击"确定"按钮，之后，新选的登录名就会出现在"常规"页面中。如果要从服务器角色中移去登录，则先选中登录用户，再单击"删除"按钮即可。

选择"权限"选项卡，可以看到该服务器角色可以执行的全部管理命令，即新添加的登录也可以使用这些操作命令。

5．数据库角色的管理

（1）在数据库角色中增加或移去用户

1）在对象资源管理器中找到指定的数据库文件夹，依次展开"安全性"→"角色"→"数据库角色"文件夹，就会出现该数据库已有的角色。

2）选中要加入的角色，例如选中"db_owner"角色，单击鼠标右键，在弹出的菜单中选择"属性"选项，如图6.19所示。

图6.19　右键快捷菜单

3）打开"数据库角色属性-db_owner"窗口，如图 6.20 所示，单击"添加"按钮，弹出"选择数据库用户或角色"对话框，选择要加入角色的用户，单击"确定"按钮，关闭对话框后，会发现新选择的用户名出现在"数据库角色属性-db_owner"窗口中。

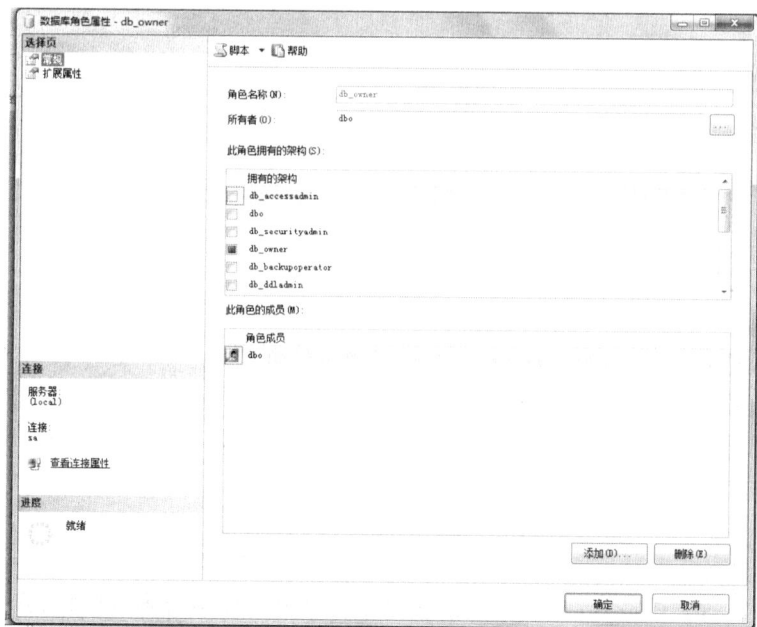

图 6.20　"数据库角色属性"窗口

4）如果在数据库角色中要移走一个用户，在用户栏中将其选中，单击"删除"按钮。设置完成后，单击"确定"按钮即可。

（2）创建新的数据库角色。

1）在对象资源管理器中打开指定的数据库文件夹下的"安全性"文件夹。选中"角色"子文件夹后，展开该数据库中的角色，鼠标右击任意角色，在弹出的快捷菜单中选择"新建数据库角色"选项。

2）打开"数据库角色-新建"窗口，如图 6.21 所示。在"常规"选项卡中，添加"角色名称"和"所有者"，并选择此角色所拥有的架构。单击"添加"按钮可以为新创建的角色添加用户。

图 6.21 "数据库角色-新建"窗口

（3）创建应用程序的角色。

在对象资源管理器中打开指定数据库文件夹下的"安全性"文件夹，选中"角色"子文件夹，显示该数据库中的角色，鼠标右击"应用程序角色"文件夹，并在弹出的快捷菜单中选择"新建应用程序角色"选项，如图 6.22 所示。弹出"应用程序角色-新建"窗口，在此窗口的"常规"页面中，添加"角色名称""默认架构"和"密码"，单击"此角色拥有的架构"列表框中某个架构左侧的复选框，表示使该架构成为它的一个成员，单击"确定"按钮，如图 6.23 所示。

6. 对象权限的管理

对象权限的管理可以通过两种方法实现：一种是通过对象管理它的用户及操作权；另一种是通过用户管理对应的数据库对象及操作权。具体使用哪种方法要视管理的方便性来决定。

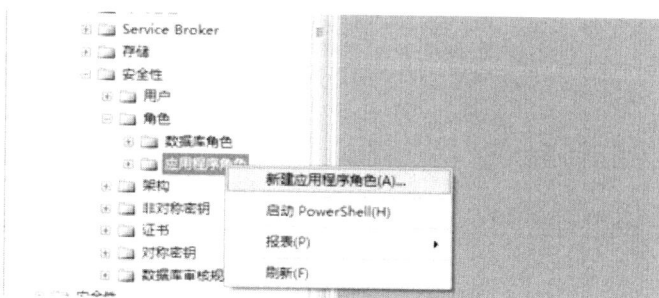

图 6.22 新建应用程序角色

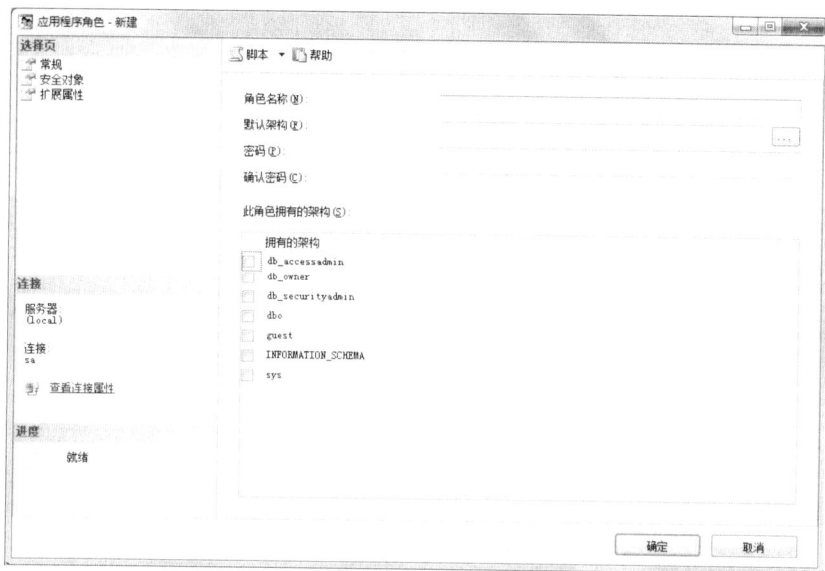

图 6.23 "应用程序角色-新建"窗口

（1）通过对象授予、撤消和废除用户权限。

如果要一次为多个用户（角色）授予、撤消和废除对某一个数据库对象的权限时，应采用通过对象的方法实现。在 SQL Server 2008 的 SQL Server Management Studio 中，实现对象权限管理的操作步骤如下：

1）展开 SQL 服务器、数据库文件夹和数据库，选中一个数据库对象，例如，选中 xssjk 数据库中表文件夹中的 dbo.class，单击鼠标右键，弹出快捷菜单。

2）在弹出的菜单中，选择"属性"选项，如图 6.24 所示。打开"表属性-class"窗口，选择"权限"选项卡，如图 6.25 所示。

3）在"权限"页面的"用户或角色"区域，可以单击"搜索"按钮选择要设置权限的用户或角色。

4）在"权限"页面的下部是有关数据库用户和角色所对应的权限表，共有三种权限，授予、具有授予权限、拒绝。如果想要授予某种权限，可在对应的复选框打"√"。在表中可以对各用户或角色的各种对象操作权（SELECT、INSERT、UPDATE、DELETE、EXEC 和 DRI）进行授予或撤消。

5）设置完成后单击"确定"按钮。

图 6.24 在弹出菜单中选择"属性"选项

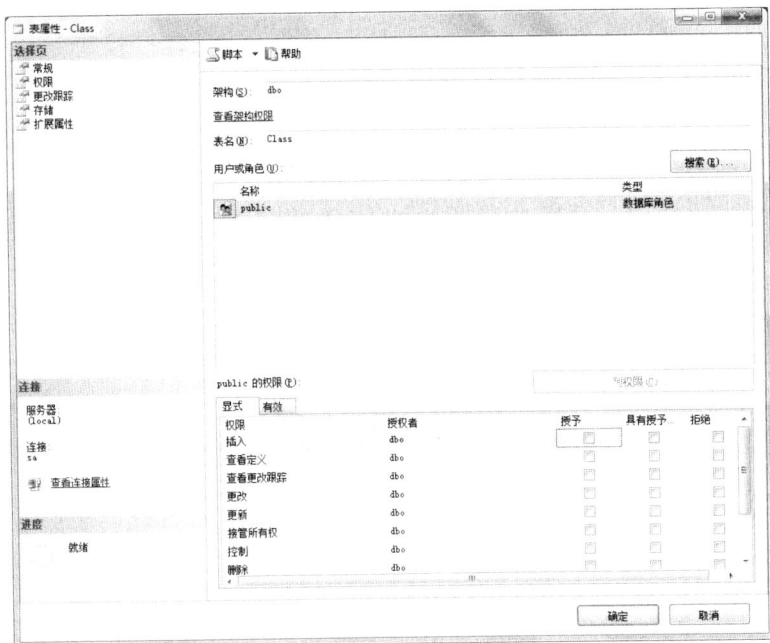

图 6.25 "权限"选项卡

（2）通过用户或角色授予、撤消和废除对象权限。

如果要为一个用户或角色同时授予、撤消或者废除多个数据库对象的使用权限，则可以通过用户或角色的方法进行。例如，要对 xssjk 数据库中的 public 角色进行授权操作。在对象资源管理器中，通过用户或角色授权（或收权）的操作步骤如下：

1）展开指定的数据库文件夹和"安全性"文件夹，单击"用户"或"角色"文件夹。在细节窗口中找到要选择的用户或角色，本例为"角色"中的"public"角色，鼠标右键单击该角色。在弹出的快捷菜单中选择"属性"选项后，出现如图 6.26 所示的"数据库角色属性-public"窗口。

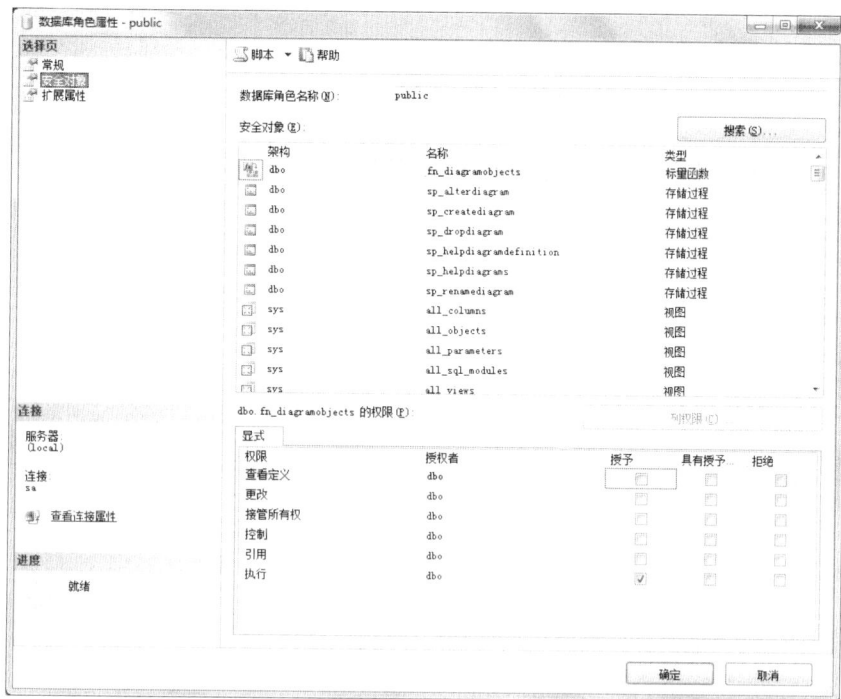

图 6.26　"数据库角色属性-public"窗口

2）在窗口中的权限列表中，对每个对象进行授权、撤消权和废除权的操作。在权限表中，权限 SELECT、INSERT、UPDATE 等安排在列中，每个对象的操作权用一行表示，共有三种权限：授予、具有授予权限、拒绝。如果想要授予某种权限，可在对应的复选框打"√"。在表中可以对各用户或角色的各种对象操作权（SELECT、INSERT、UPDATE、DELETE、EXEC 和 DRI）进行授予或撤消。单击单元格可改变其状态。

3）设置完成后单击"确定"按钮。

6.4　注意事项

（1）用户、角色和权限的职能，以及它们之间的关系。
（2）两种 SQL Server 的安全认证模式及特点。

6.5　思考题

（1）SQL Server 中有哪些数据安全性功能？性能怎样？有哪些不足之处？
（2）SQL Server 中有哪些数据完整性功能？性能怎样？有哪些不足之处？

实验七　完整性约束的实现

7.1　实验目的与要求

（1）掌握 SQL Server 中实现数据完整性的方法。

（2）加深理解关系数据模型的三类完整性约束。

7.2　实验准备

（1）复习"完整性约束 SQL 定义"。

（2）了解 SQL Server 中实体完整性、参照完整性和用户自定义完整性的实现手段。

7.3　实验内容

用完整性约束定义四个表，如表 7.1～表 7.4 所示。

表 7.1　student 表

student（学生）				
属性名	数据类型	可否为空	含义	完整性约束
Sno	char(7)	否	学号	主码
Sname	varchar(20)	否	学生姓名	
Ssex	char(2)	否	性别	男或女，默认为男
Sage	smallint	可	年龄	大于 14，小于 65
Clno	char(5)	否	学生班级	外部码

表 7.2　course 表

course（课程）				
属性名	数据类型	可否为空	含义	完整性约束
Cno	char(1)	否	课程号	主码
Cnam	varchar(20)	否	课程名称	
credit	smallint	可	学分	1～6 之一

表 7.3 class 表

class（班级）				
属性名	数据类型	可否为空	含义	完整性约束
Clno	char(5)	否	班级号	主码
Speciality	varchar(20)	否	班级所在专业	
Inyear	char(4)	否	入校年份	
Number	int	可	班级人数	大于1，小于100
Monitor	char(7)	可	班长学号	外部码

表 7.4 SC 表

SC（选课）				
属性名	数据类型	可否为空	含义	完整性约束
Sno	char(7)	否	学号	主码，外码
Cno	char(7)	否	课程号	主码，外码
Gmark	numeric(4,1)	可	成绩	大于0，小于100

（1）关系 SC 中一个元组表示一个学生选修的某门课程的成绩，(Sno,Cno)是外码。Sno，Cno 分别参照引用 s 表的主码和 c 表的主码，定义 SC 中的参照完整性，语句如下：

```
CREATE TABLE SC
    (Sno char(9) NOT NULL,
     Cno char(4) NOT NULL,
     Grade smallint,
     CONSTRAINT C1 PRIMARY KEY(Sno,Cno),
                        /* 主码由两个属性构成，必须作为表级完整性进行定义*/
     CONSTRAINT C2 FOREIGN KEY(Sno) REFERENCES S(Sno),
                        /* 表级完整性约束条件，Sno 是外码，被参照表是 S */
     CONSTRAINT C3 FOREIGN KEY(Cno) REFERENCES C(Cno));
                        /* 表级完整性约束条件，Cno 是外码，被参照表是 C*/
```

（2）显式说明参照完整性的违约处理，语句如下：

```
CREATE TABLE SC
    (Sno CHAR(9) NOT NULL,
     Cno CHAR(4) NOT NULL,
     Grade smallint,
     CONSTRAINT C1 PRIMARY KEY(Sno,Cno),
     CONSTRAINT C2 FOREIGN KEY (Sno) REFERENCES S(Sno)
        ON DELETE CASCADE                /*级联删除 SC 表中相应的元组*/
        ON UPDATE CASCADE,               /*级联更新 SC 表中相应的元组*/
     CONSTRAINT C3 FOREIGN KEY (Cno) REFERENCES C (Cno)
        ON DELETE NO ACTION
                   /*当删除 c 表中的元组造成了与 SC 表不一致时拒绝删除*/
        ON UPDATE CASCADE
                   /*当更新 c 表中的 cno 时，级联更新 SC 表中相应的元组*/
    );
```

实验八　数据库备份和恢复

8.1　实验目的与要求

（1）了解 SQL Server 的数据备份和恢复机制。

（2）掌握 SQL Server 中数据库备份和恢复的方法。

8.2　实验准备

（1）用 SQL Server Management Studio 创建一个备份设备。

（2）为 xssjk 数据库设置一个备份计划，要求每当 CPU 空闲时进行数据库备份。

（3）在 SQL Server Management Studio 中恢复课程设计数据库。

（4）修改 xssjk 数据库备份计划，要求每星期对数据库备份一次。

8.3　实验内容

1. 创建、查看和删除备份设备

（1）创建备份设备。

在 SQL Server Management Studio 的对象资源管理器中，找到并展开要操作的 SQL 服务器对象，单击鼠标右键，在弹出的快捷菜单中选择"新建备份设备"选项，打开如图 8.1 所示的"备份设备"窗口。

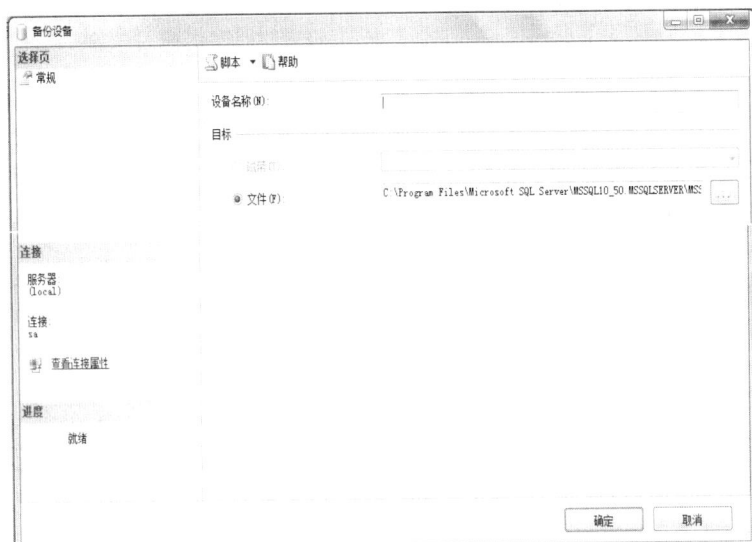

图 8.1　"备份设备"窗口

　　在"备份设备"窗口中，执行下列操作：输入备份设备的逻辑名称，确定备份设备的文件名，设置完成后单击"确定"按钮。

　　在确定备份设备的文件名时，需要单击"文件"右侧的展开按钮，并在弹出的文件名对话框中选择或改变备份设备的缺省磁盘文件路径和文件名。

　　（2）查看备份设备的相关信息。

　　查看备份设备的相关信息时，需要执行的操作是：在服务器对象中，选择管理文件夹和备份文件夹，在细节窗口中找到要查看的备份设备；用鼠标右键单击该备份设备，在弹出的快捷菜单中选择"属性"选项，会弹出如图 8.2 所示的"备份设备"属性对话框。单击窗口左侧的"介质内容"选项，可弹出备份设备的信息框，从中可以得到备份数据库及备份创建日期等信息。

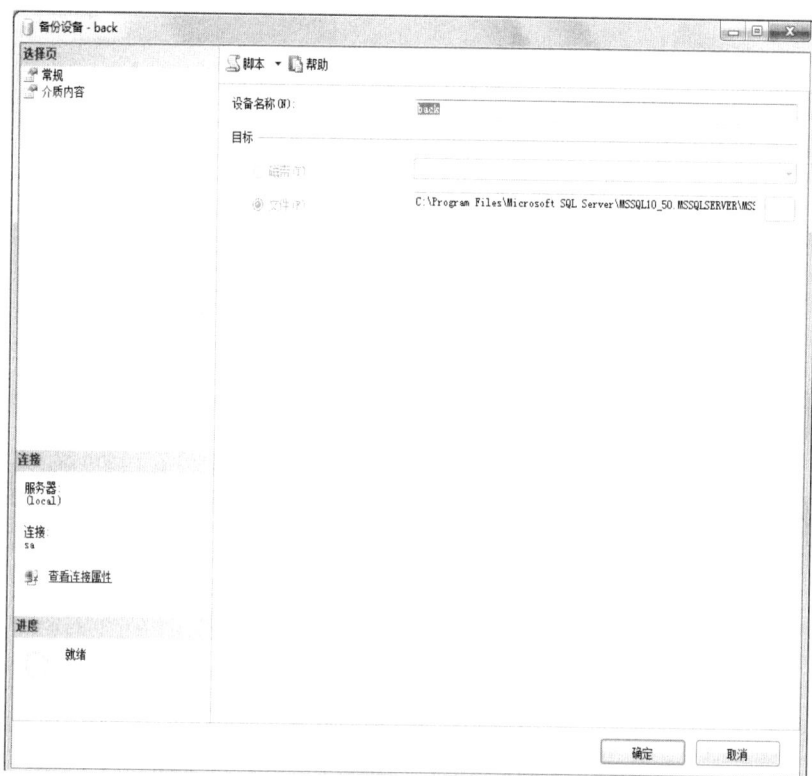

图 8.2　备份设备属性对话框

　　（3）删除备份设备。

　　如果要删除一个不需要的备份设备，首先，在服务器对象中选中该备份设备，单击鼠标右键；在弹出的菜单中选择"删除"选项；在确认删除对话框中，单击"确认"按钮。

　　2. 备份数据库

　　（1）进入数据库备份对话框。

　　在对象资源管理器中，用鼠标右键单击要备份的数据库；在弹出的菜单上选择"任务"中的"备份"项，打开"备份数据库"窗口。该窗口有"常规"和"选项"两个选项卡，"常规"选项卡的界面如图 8.3 所示，"选项"选项卡的界面如图 8.4 所示。

图 8.3　数据库备份的"常规"页面

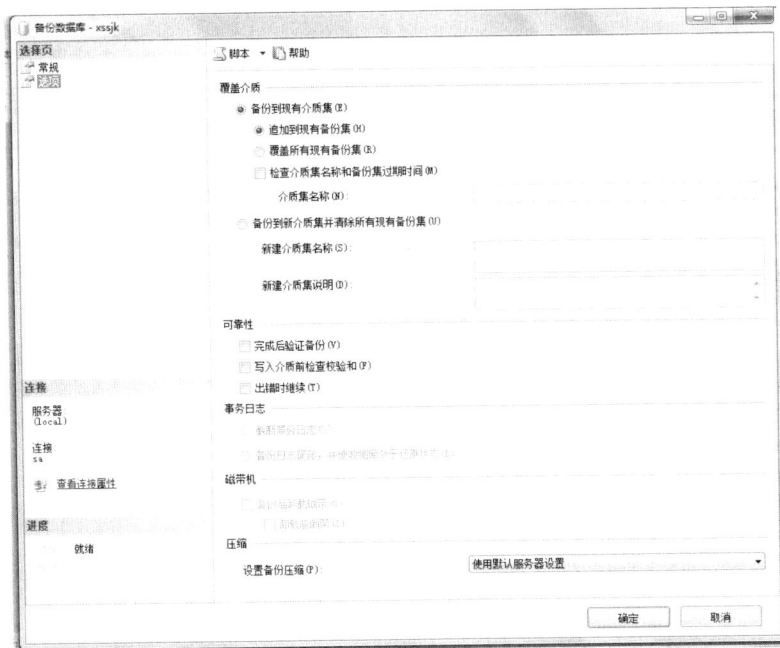

图 8.4　数据库备份的"选项"页面

（2）在"常规"选项卡中完成以下操作。

在"数据库"列表框中选择要备份的数据库；在"备份类型"列表框中选择备份方法，可选择完全备份、差异备份（增量备份）、事务日志；在"名称"列表框中为备份取一个便于识别的名称；为磁盘备份设备或备份文件选择目的地，即通过列表右边的"添加"或"删除"

按钮确定备份文件的存放位置，列表框中显示要使用的备份设备或备份文件；在备份的组件中可以选择数据库或文件和文件组之一。在目标的组件中选择备份到磁盘或者磁带，选择磁盘时，单击"添加"，设置备份的文件名的路径。

（3）设置"选项"页面内容。

数据库备份窗口的"选项"页面中，需要设置以下内容：

1）通过设置"检查介质集名称和备份集过期时间"复选框，决定是否检查备份设备上原有内容的失效日期。只有当原有内容失效后，新的备份才能覆盖原有内容。

2）通过设置"备份到新介质集并清除所有现有设备集"，可重新设置备份设备。备份设备的初始化相当于磁盘格式化。

3）设置"可靠性"，其中"完成后验证备份"复选框决定是否进行备份设备的验证。备份验证的目的是为了保证数据库的全部信息都正确无误地保存到备份设备上。通过备份验证，用户可以检查备份设备的性能，从而可以在以后的工作中大胆地使用该备份设备，而不必担心是否有潜在的危险。

在完成了"常规"界面和"选项"界面中的所有设置之后，单击"确定"按钮，并在随后弹出的提示数据库备份设备成功的对话框中单击"确定"按钮。

3. SQL Server 的数据恢复方法

在 SQL Server Management Studio 的对象资源管理器中，用鼠标右键单击要进行数据恢复的数据库。在弹出的快捷菜单中选择"任务"→"还原"→"数据库"选项，如图 8.5 所示。打开"还原数据库"窗口，该窗口中有两个页面："常规"页面和"选项"页面。

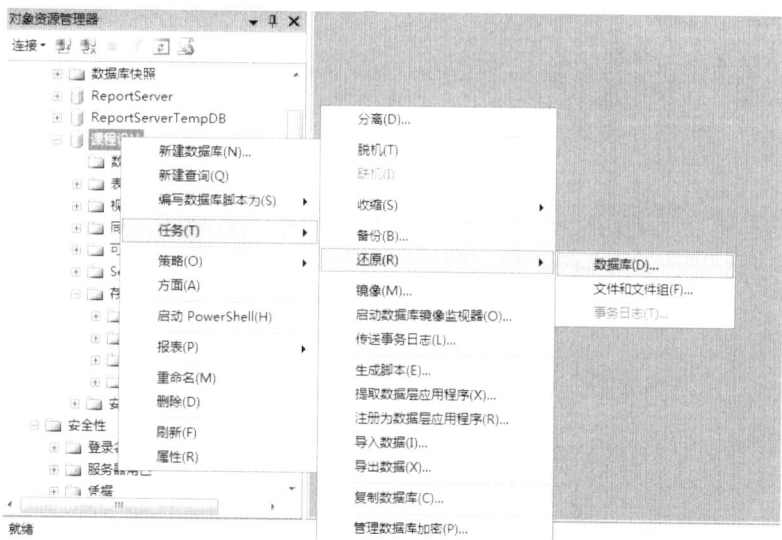

图 8.5　还原数据库功能

"常规"页面中"还原的源"区域有两个单选按钮，分别对应两种数据库恢复方式："源数据库"按钮说明恢复数据库；"源设备"按钮说明根据备份设备中包含的内容恢复数据库。不同的选项，其设置恢复的方法不同。

（1）从"源数据库"恢复。

选择"源数据库"单选按钮后，常规选项卡界面如图 8.6 所示。

图 8.6   恢复数据库的"常规"页面

恢复数据库的操作步骤为：选择"还原的源"区域中的"源数据库"单选按钮，说明进行恢复数据库工作；在"源数据库"下拉列表框中，选择要恢复的数据库名和要还原的第一个备份文件；在备份设备表中，选择数据库恢复要使用的备份文件，单击复选框将其选中，设置完成后单击"确定"按钮。

（2）从"源设备"恢复。

在"还原的源"区域中选中"源设备"单选按钮，然后单击右侧的展开按钮［…］，弹出"指定备份"对话框，如图 8.7 所示。

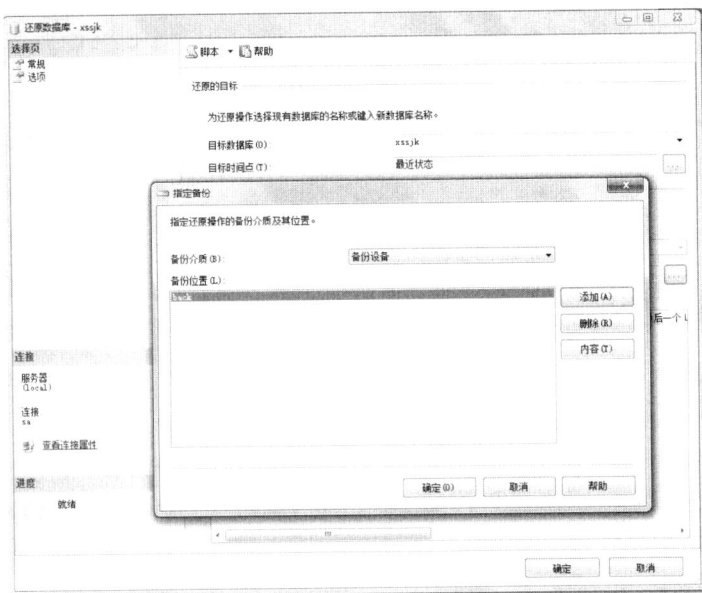

图 8.7   "指定备份"对话框

　　在"指定备份"对话框中指定还原操作的备份介质和备份位置。具体操作步骤为：在"备份介质"下拉列表中选择"备份设备"选项，单击该对话框右侧的"添加"按钮，打开"选择备份设备"对话框，在该对话框中"备份设备"栏选择包含该备份的设备，例如"back"，然后单击"确定"按钮关闭对话框，进入"还原数据库-xssjk"窗口后，再次单击该窗口中的"确定"按钮，即从备份设备中恢复操作完成。操作界面如图 8.8 所示。

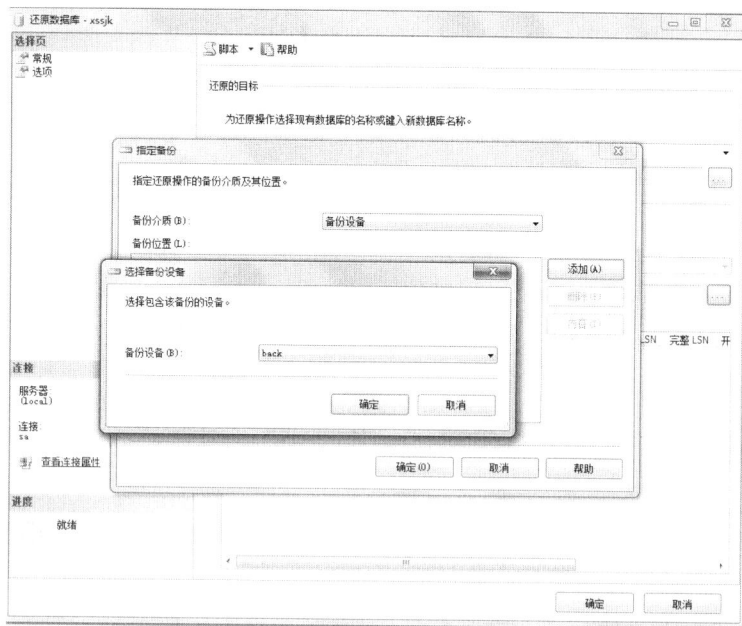

图 8.8　使用设备恢复备份

8.4　注意事项

（1）SQL Server 具有的完全备份、事务日志备份和增量备份形式的功能特点。
（2）SQL Server 的两种方式数据库备份和恢复操作的功能特点。
（3）SQL Server 支持的三种数据备份和恢复策略的功能特点。

8.5　思考题

SQL Server 中数据备份和数据恢复功能有哪些不足之处。

实验九　数据库综合应用

9.1　实验目的与要求

（1）综合运用各章的知识，完成小型数据库系统底层的全面设计。

（2）初步掌握数据库系统开发的基本方法。

9.2　实验准备

（1）需求分析，画出 E-R 图（实验前完成）。

（2）将 E-R 图转换为关系（实验前完成）。

（3）建立数据库表，设置实体完整性、域完整性和参照完整性。

（4）建立视图。

9.3　实例一：高校学生成绩管理系统设计

课程设计报告结构要求如下：需求分析（功能模块层次图）、概念结构设计（E-R 图）、逻辑结构设计（数据字典和数据流图）、数据库结构设计、数据库实施（记录输入与查询）、数据库运行和维护（编写应用程序）。

设计原始资料：专业教学计划表、学生成绩表、学生基本情况登记表。

9.3.1　需求分析

高校学生成绩管理系统主要提供成绩管理和查询，方便教师和学生网上信息查阅。学生可以通过该系统查阅与自己相关的信息。教师可以通过成绩管理系统实现管理、查阅学生成绩信息，在一定时间范围内完成对学生成绩的添加、删除、修改、打印等相关操作。系统管理员可以添加、删除、修改学生信息和教师信息，可以进行数据库的备份、数据库的还原等相关操作。

系统主要业务流程如图 9.1 所示。

通过需求分析，针对不同的用户有不同的功能和权限，系统框架设计为五个模块：学生管理、课程管理、成绩管理、教师管理和系统管理。功能模块图如图 9.2 所示。

（1）学生管理模块，可以通过输入学号或姓名查到该生的有关信息，比如：年龄、班级、出生年月、入学时间、家庭住址等。

（2）课程管理模块，可以进行各个专业的课程设置，可以通过输入专业号来查找该专业所学课程。

（3）成绩管理模块，输入学生的学号和学期数可以查询该生的各科成绩，例如：输入学号 060818210，学年 0603，可以显示出该生在第三个学期的各科成绩。

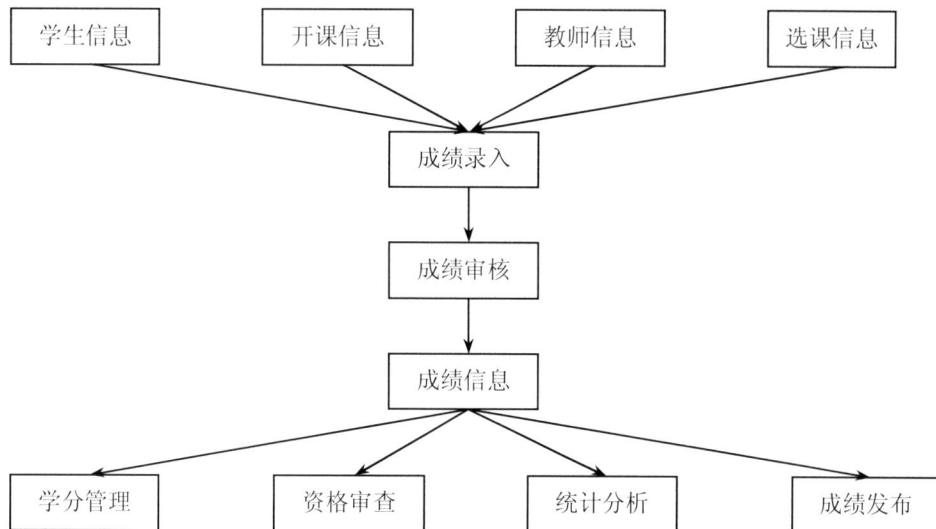

图 9.1 系统主要业务流程图

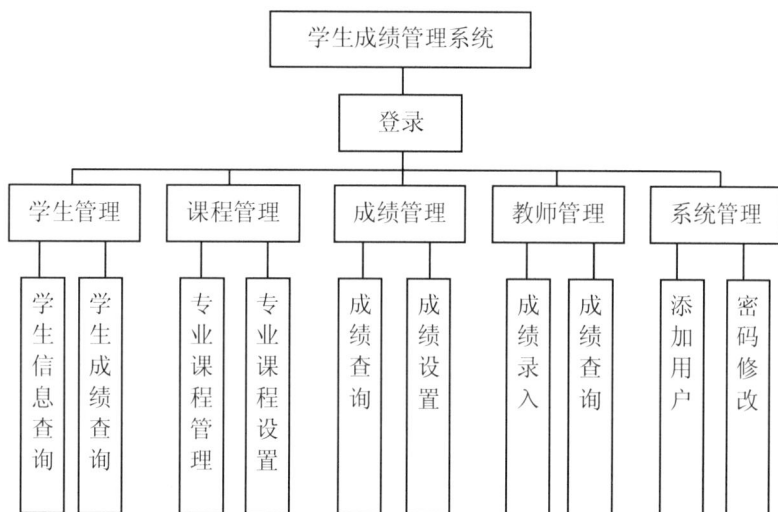

图 9.2 功能模块图

（4）教师管理模块，输入课程号可知教授这门课程的所有教师，可以查询教师的相关信息，也可以通过输入教师编号查出该教师所负责的课程。

（5）系统管理模块，对整个系统拥有添加、修改等权限，并对整个系统进行维护。

9.3.2 概念结构设计

通过需求分析，对学生成绩管理系统的各项功能有了具体的划分。通过进一步对系统进行分析可知，学生课程是通过专业确定的，而专业包含多个班级，成绩是根据课程记录的，所以该系统主要的实体是课程、专业和成绩等。一门课程可以有多个学生的成绩，一个学生也可以有多门课程的成绩，课程实体与学生实体是多对多的关系；一个老师可以教授多门课程，一门课程也可以有多个老师教授，课程实体与老师实体之间也是多对多的关系。

（1）学生成绩管理系统实体属性图，主要包括学生、课程、成绩、教师、专业、班级、教学时数、课程类别等。具体实体属性图如图9.3～图9.10所示。

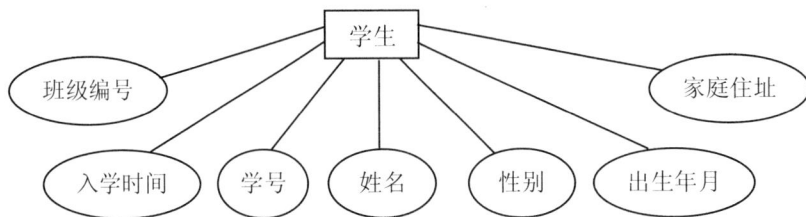

图 9.3　学生实体及属性

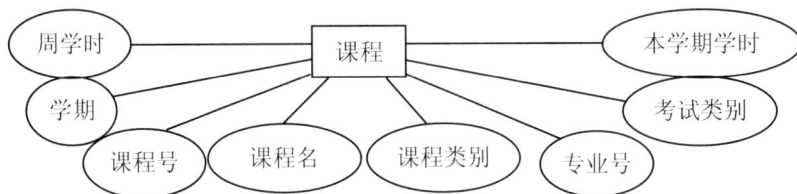

图 9.4　课程实体及属性

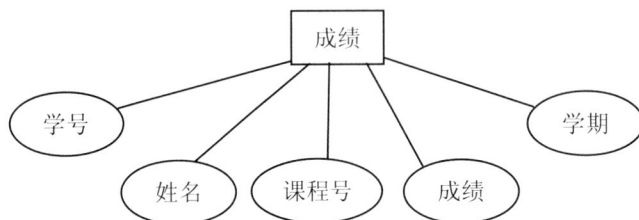

图 9.5　成绩实体及属性

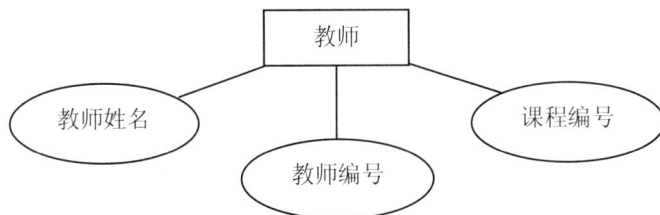

图 9.6　教师实体及属性

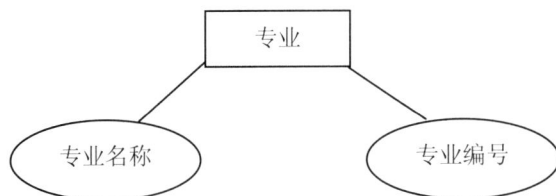

图 9.7　专业实体及属性

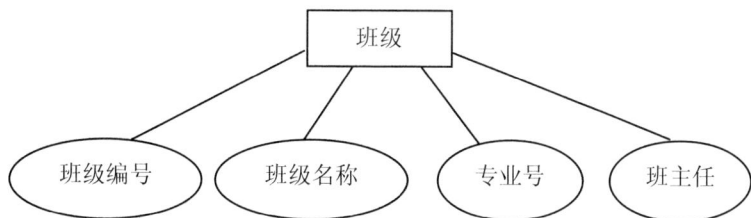

图 9.8 班级实体及属性

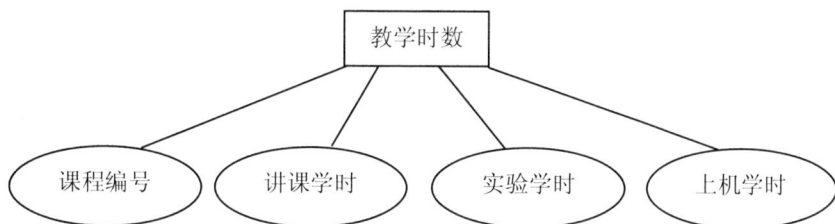

图 9.9 教学时数实体及属性

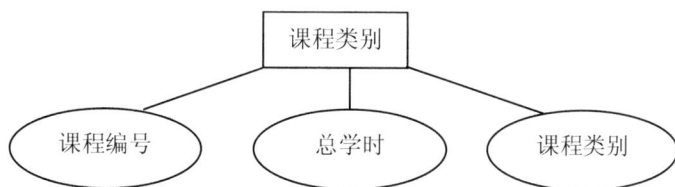

图 9.10 课程类别实体及属性

（2）学生成绩管理系统 E-R 图，如图 9.11 所示。

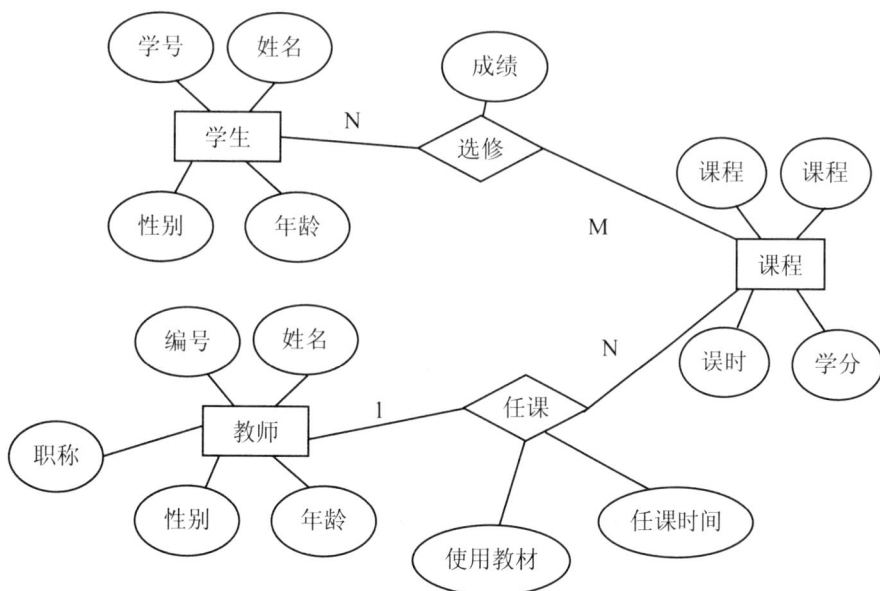

图 9.11 学生成绩管理系统 E-R 图

9.3.3 逻辑结构设计

（1）数据字典：根据前述 E-R 图设计出系统的表结构，如表 9.1～表 9.9 所示。

表 9.1　学生信息表

字段名称	字段名	类型	长度	说明
学号	S_NO	文本	10	主键
姓名	S_NAME	文本	10	
班级编号	CLASS_NO	文本	3	
出生年月	DATE_BRON	日期/时间		
入学时间	SCH_IN	日期/时间		
家庭住址	S_ADR	文本	30	
性别	SEX	是/否	4	

表 9.2　课程表

字段名称	字段名	类型	长度	说明
课程号	C_NO	文本	4	主键
课程名	C_NAME	文本	8	
课程类别	C_LEI	文本	8	
考试类别	EX_LEI	文本	8	
学期	TERM_NO	文本	4	
周学时	WEEK_H	文本	4	
专业号	P_NO	文本	4	
本学期学时	TERM_H	文本	4	

表 9.3　成绩表

字段名称	字段名	类型	长度	说明
学号	S_NO	文本	10	
姓名	S_NAME	文本	10	
课程号	C_NO	文本	4	
成绩	SCOURE	单精度型数字		
学期	TERM_NO	文本	4	

表 9.4　教师表

字段名称	字段名	类型	长度	说明
教师编号	T_NO	文本	4	主键
教师姓名	T_NAME	文本	10	
课程编号	C_NO	文本	4	

表9.5　专业表

字段名称	字段名	类型	长度	说明
专业编号	P_NO	文本	4	主键
专业名称	P_NAME	文本	20	

表9.6　班级表

字段名称	字段名	类型	长度	说明
班级编号	CLASS_NO	文本	3	主键
班级名称	CLASS_NAME	文本	10	
专业号	P_NO	文本	4	
班主任	HEAD_NAME	文本	10	

表9.7　学期表

字段名称	字段名	类型	长度	说明
学期	TERM_NO	文本	4	主键
周数	WEEKS	数字	4	

表9.8　教学类别及学时表

字段名称	字段名	类型	长度	说明
教学类别号	C_JNO	文本	4	主键
教学类别名	C-JNAM	文本	20	
课程号	C_NO	文本	4	主键
讲课学时	C_JK	数字	4	
上机学时	C_SJ	数字	4	
实验学时	C_SY	数字	4	

表9.9　课程类别表

字段名称	字段名	类型	长度	说明
课程号	C_NO	文本	4	
总学时	SUM_H	数字	4	
课程类别	C_LEI	文本	8	

（2）学生成绩管理系统数据流图，如图 9.12 所示。

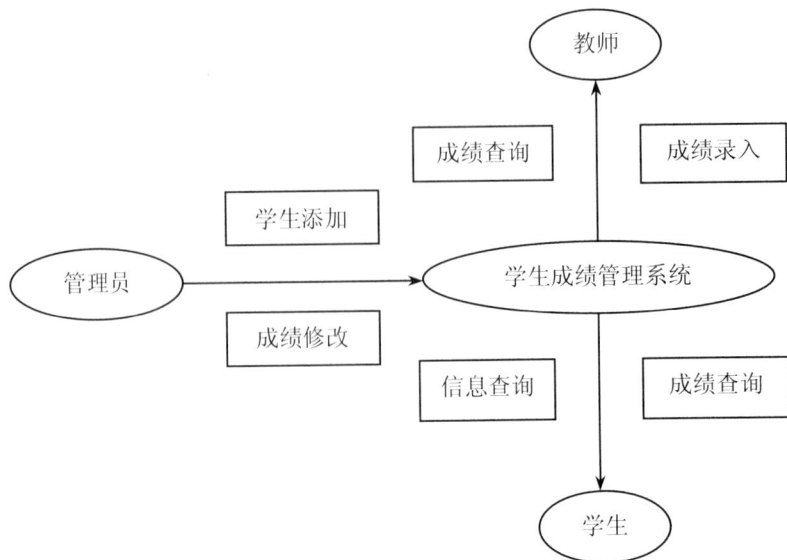

图 9.12　学生成绩管理系统数据流图

9.3.4　创建数据库

（1）首先根据数据字典建表。

（2）然后输入数据，建立关系。

（3）课程与成绩之间有公共字段"课程号"，课程与专业之间有公共字段"专业号"，专业与班级有公共字段"班级编号"，课程与教学时数以及教师都有公共字段"课程号"。

（4）最后根据功能模块图建立视图。

9.4　实例二：高校学生收费管理系统设计

9.4.1　需求分析

1．系统功能需求

高校学生收费管理系统的主要业务是收取学生应缴纳的费用。其主要功能需求如下：

（1）能对一个具体高校的部门、学院、系、专业、班级、学生、教工进行管理。可对这些对象进行创建和删除，并定义它们之间的从属关系。

（2）能在一个高校的平台上，创建收费项目，定义收费项目的各种属性，对收费项目的收费任务进行定义和维护。收费项目的收费对象最小单位为个人，即可同时进行集体收费对象和个人对象的定义。同一收费项目，针对不同的收费对象可有不同的收费金额。

（3）能进行某一收费项目的收费。根据用户输入的学号或教工号进行判断，如果是此项目的收费对象，就进行收费。

（4）能对项目收、欠费情况进行统计，并生成报表。

2. 系统功能模块设计

根据前述需求分析，得出系统应包含以下功能模块：

（1）学生收费管理模块。

输入收费单：对于已经交费的学生，管理员可以输入收费单，同财务部门达成一致，作为交费凭证。

修改收费单：完成由于误差、费用调整、转换专业等原因而需要对收费单所做的改动。

查询收费单：为了核实收费的准确性，统计已交费的人数，管理人员需要查询收费单。

打印收费单：学校收取学生的各项费用需要出示收据，打印的收费单就作为收据。

（2）交费项目管理模块。

交费项目审核：为了保证收费的准确与公正，需要对交费项目进行审核。

取消审核：因为某些特殊原因取消对某些交费项目的审核。

（3）学生管理系统模块。

通过与学生管理系统集成获得学生的基本信息。学生管理系统的设计在此不做具体描述。

（4）用户管理系统模块。

能够实现系统管理员和用户登录名、密码、权限等信息的添加、删除、修改。

（5）查询统计管理模块。

管理员可以利用该软件对已交费的学生进行统计，对欠费的学生进行统计，并且对欠费学生的各项信息进行查询。

（6）系统登录模块。

用户输入用户名和密码，系统查询数据库中的信息对密码进行验证，如果密码不正确将不能进入系统；如果密码正确，系统会自动根据该用户所具有的权限进入不同的界面。

系统功能模块如图 9.13 所示。

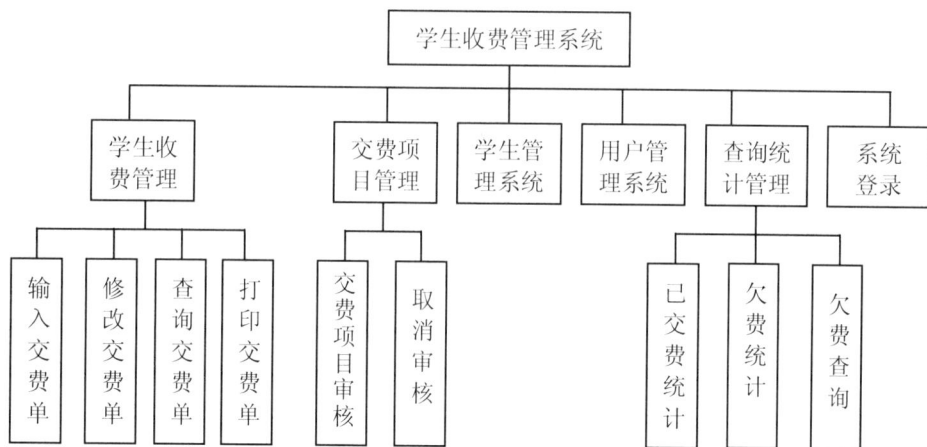

图 9.13 系统功能模块图

9.4.2 概念结构设计

1. 根据系统需求列出以下数据项和数据结构

（1）收费项目表：存放所有收费项目的信息。

（2）收费单：存放所有学生的交费信息及审核信息。

（3）收费记录表：存放所有学生的交费记录。

（4）班级表：存放所有班级的信息。

（5）民族表：存放所有民族的信息。

（6）性别表：存放性别的信息。

（7）学生信息表：存放所有学生的信息。

（8）人事档案：存放所有系统管理员信息。

2. 实体及其属性图

系统各实体及属性图如图 9.14～图 9.18 所示。

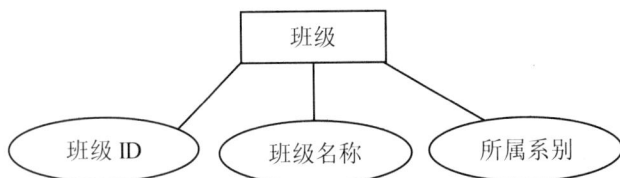

图 9.14　班级实体属性图

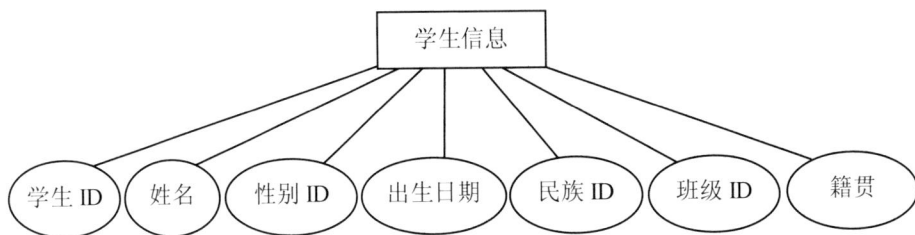

图 9.15　学生实体属性图

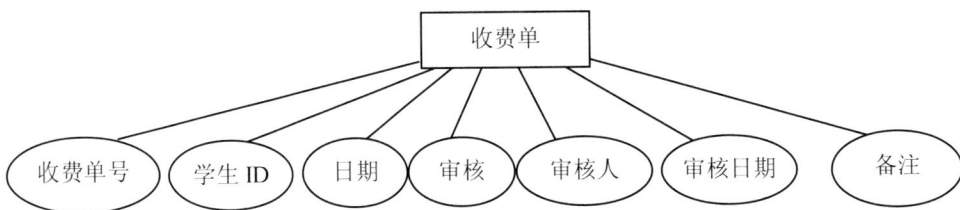

图 9.16　收费单实体属性图

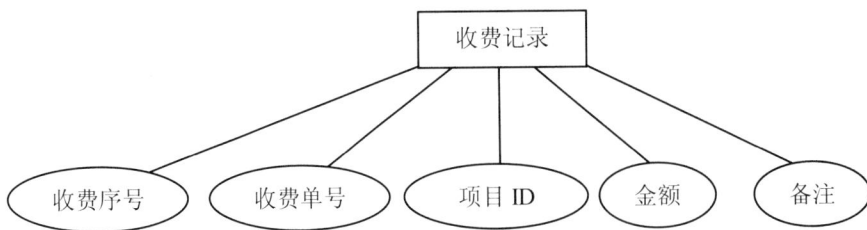

图 9.17　收费记录实体属性图

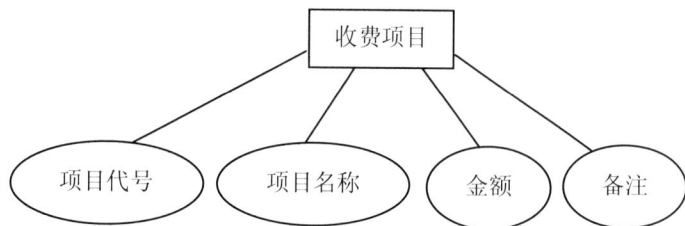

图 9.18 收费项目实体属性图

3. E-R 图

高校学生收费管理系统 E-R 图如图 9.19 所示。

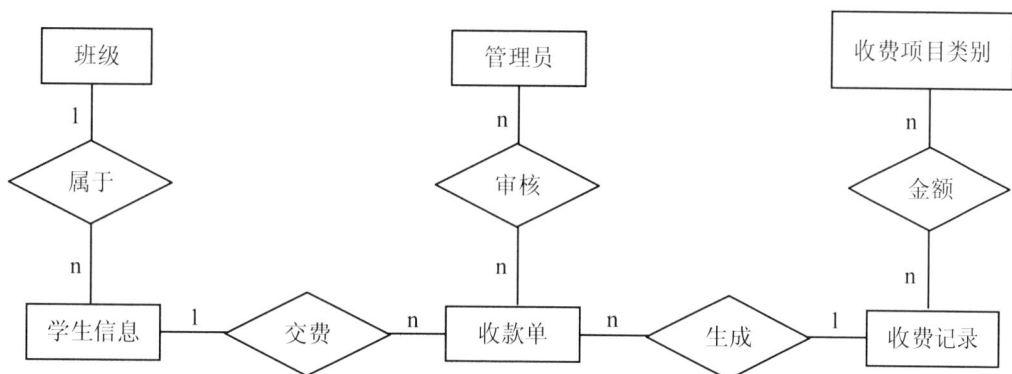

图 9.19 系统 E-R 图

9.4.3 逻辑结构设计

（1）数据字典：根据前述 E-R 图设计出系统的表结构。

收费项目类别表结构如表 9.10 所示。

表 9.10 收费项目类别表

字段名	字段描述	数据类型	长度	是否为主键	是否为空值
PRO_NO	项目ID	char	5	是	否
PRO_NAME	项目名称	char	20	否	否
PRO_SUM	金额	数值型		否	否
PRO_ADD	备注	备注			

收费单表结构如表 9.11 所示。

表 9.11 收费单

字段名	字段描述	数据类型	长度	是否为主键	是否为空值
PAP_NO	收费单号	char	10	是	否
STU_NO	学生ID	char	9	外码	否
PAP_DATE	日期	日期型	8	否	否

字段名	字段描述	数据类型	长度	是否为主键	是否为空值
CHECK	审核	是/否		否	是
CHECK_NAME	审核人	char	9	外码	否
CHECK_DATE	审核日期	日期型	8	否	否
PAP_ADD	备注	备注		否	

收费记录表如表 9.12 所示。

表 9.12　收费记录表

字段名	字段描述	数据类型	长度	是否为主键	是否为空值
REC_NO	收费序号	char	10	是	否
PAP_NO	收费单号	char	10	外码	否
PRO_NO	项目 ID	char	5	外码	否
PRO_SUM	金额	数值型		否	
REC_ADD	备注	备注		否	

班级表如表 9.13 所示。

表 9.13　班级表

字段名	字段描述	数据类型	长度	是否为主键	是否为空值
CLASS_ID	班级 ID	char	5	是	否
CLASS_NAME	班级名称	char	20	否	否
DEPART	所属系	char	10	否	否

民族表如表 9.14 所示。

表 9.14　民族表

字段名	字段描述	数据类型	长度	是否为主键	是否为空值
RACE_ID	民族 ID	char	2	是	否
RACE_NAME	民族	char	5	否	否

性别表如表 9.15 所示。

表 9.15　性别表

字段名	字段描述	数据类型	长度	是否为主键	是否为空值
SEX_ID	性别 ID	char	2	是	否
SEX_NAME	性别	char	2	否	否

学生基本信息表如表 9.16 所示。

表 9.16　学生基本信息表

字段名	字段描述	数据类型	长度	是否为主键	是否为空值
STU_NO	学生 ID	char	9	是	否
STU_NAME	姓名	char	15	否	否
SEX_ID	性别	char	2	外码	否
STU_TIME	出生日期	日期型	8	否	否
RACE_ID	民族	char	2	外码	否
CLASS_ID	班级	char	5	外码	否
STU_ADDRESS	籍贯	char	20	否	否

人事档案表如表 9.17 所示。

表 9.17　人事档案表

字段名	字段描述	数据类型	长度	是否为主键	是否为空值
M_ID	职工号	char	9	是	否
M-NAME	姓名	char	15	否	否
M-NO	人员号	char	9	否	否
SEX_ID	性别	char	2	外码	否
M_TIME	出生日期	日期型	8	否	否
M_ADDRESS	籍贯	char	20	否	否
M_PERSON	身份证号	char	18	否	否
RACE_ID	民族	char	2	外码	否
M_DATE	参加工作时间	smallint		否	

（2）数据流图可以表示现行系统的信息流动和加工处理等详细情况，是现行系统的一种逻辑抽象，独立于系统的实现。数据流图表达了数据和处理的关系。系统数据流图如图 9.20 所示。

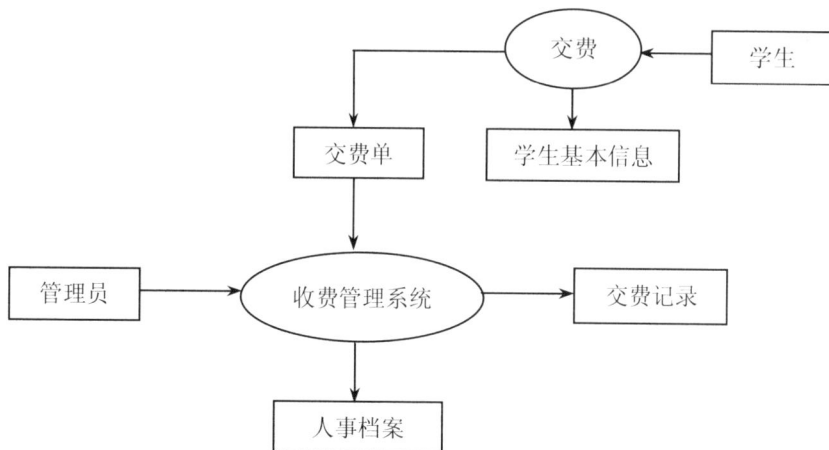

图 9.20　系统数据流图

9.4.4　创建数据库

（1）首先根据数据字典创建数据表。

（2）然后输入数据，建立如图 9.21 所示关系。

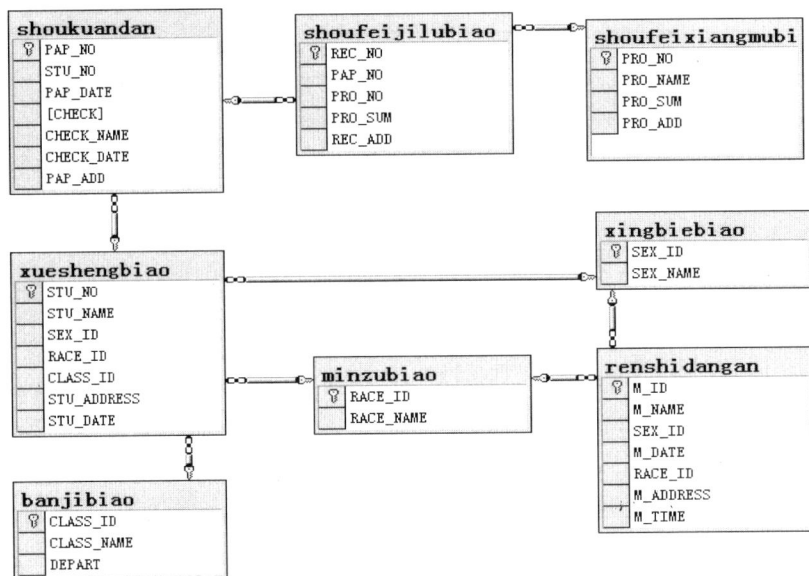

图 9.21　数据库表结构及关系

第二部分　课程设计指导

任务一　人事管理系统

1.1　任务描述

人事管理系统是企业管理系统中不可缺少的重要组成部分，它的系统功能对于企业的决策者和管理者来说都至关重要。作为计算机应用的一部分，使用计算机对人事信息进行管理具有手工管理所无法比拟的优点，例如检索迅速、查找方便、可靠性高、存储量大、保密性好、寿命长、成本低等。这些优点能够极大地提高人事档案管理的效率，也是企业实现科学化、正规化管理，与世界接轨的重要条件。

本任务以人事管理系统为背景，针对各种不同种类的信息，建立合理的数据库结构来保存数据，使用有效的程序结构来支持各种数据操作的执行，实现集体管理系统化、规范化和自动化，从而提高人事管理的工作效率和工作质量。

1.2　需求分析

本系统的用户主要是各企事业单位的人事管理人员和计算机系统管理员，因此系统应包含以下主要功能：

1. 用户登录

作为系统的主要入口，应能够根据用户名区分出用户身份（人事管理人员和计算机系统管理员），从而为不同的用户展示相应的功能。

2. 系统信息管理

计算机系统管理员所需要的主要功能，包括管理系统信息，对人事管理人员进行管理等。

3. 员工信息管理

人事管理人员所需要的主要功能，包括对本单位的员工信息进行增、删、改等操作。

（1）对本单位所有员工和部门进行统一标号，将每一位员工的信息保存在员工信息记录表中。

（2）对新聘的员工将其信息加入到员工信息记录中，对于转出、退休、辞职、辞退的员工将其信息从员工信息记录中删除，并且添加到离职员工信息表。

（3）当员工信息发生变动时，修改员工信息记录中相应的属性。

4. 员工信息检索

检索员工基本信息、考勤信息、工作量信息等。

5. 员工信息统计

根据不同的统计口径统计员工人数，如：性别、部门、学历层次等。

1.3 功能结构设计

根据前述需求分析，得出系统应包含以下功能模块，如图1.1所示。

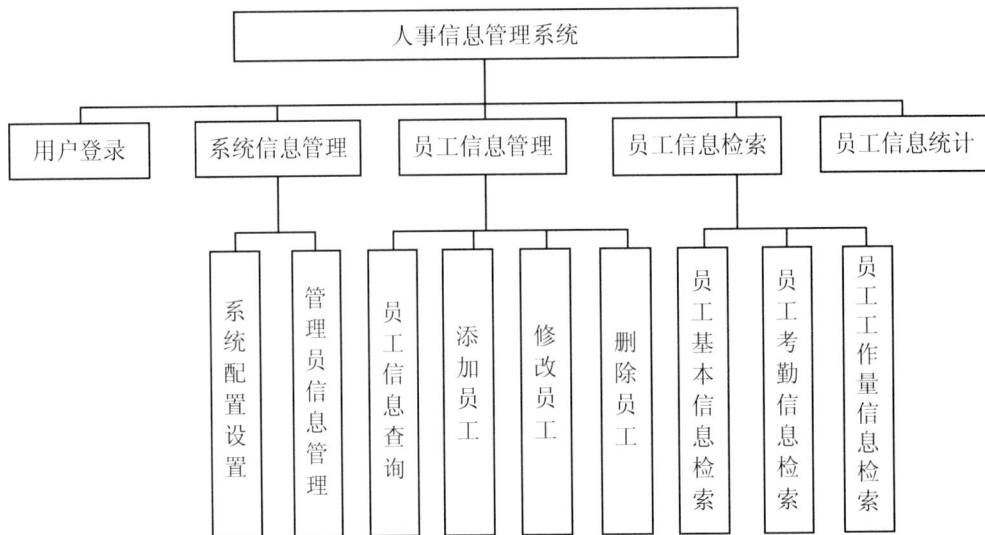

图 1.1 人事信息管理系统模块结构图

1. 用户登录

输入数据为员工号和密码。点击"确定"按钮后，若工号、密码正确则根据员工角色进入相应界面，否则提示登录失败；点击"取消"按钮后退出登录。

2. 系统信息管理模块

（1）系统配置设置。

输入数据为数据库服务器地址、数据库连接用户名、数据库连接密码。点击确定按钮保存设置；点击取消按钮退出界面。

（2）管理员信息管理。

通过列表显示所有管理员的用户名、密码、部门等信息，提供增加、删除、修改相应信息的功能。

3. 员工信息管理模块

（1）员工信息查询。

列表显示所有员工的基本信息，包括编号、姓名、性别、学历、所属部门。提供按部门、性别、学历列表显示功能。

（2）添加员工。

对新入职员工提供其各项信息的输入，包括编号、姓名、性别、学历、所属部门、毕业院校、健康情况等。

（3）修改员工。

对在职员工提供其各项信息的修改，学历、所属部门、毕业院校、健康情况、职称、职务、奖惩等。

（4）删除员工。

对转出、辞职、辞退、退休员工，提供信息的删除功能，但仅在数据库中作删除标记，不能删除物理数据，以备数据恢复使用。

4. 员工信息检索模块

（1）员工基本信息检索。

输入数据为员工编号或姓名，输出信息为员工基本信息，包括编号、姓名、性别、学历、所属部门、毕业院校、健康情况等。可提供以姓名为条件的模糊检索。

（2）员工考勤信息检索。

输入数据为员工编号或姓名，输出信息为员工考勤信息，包括考勤时间、请假情况、迟到情况、早退情况、旷工情况等。本检索为精确检索。

（3）员工工作量信息检索。

输入数据为员工编号或姓名，输出信息为员工工作量信息，包括记录时间、完成项目、对应工作量等。本检索为精确检索。

5. 员工信息统计模块

输入数据为参照统计口径，输出数据为该统计口径下各组员工人数。统计口径包括：性别、部门、学历层次等。

1.4 数据库设计

1.4.1 E-R 图

系统主要 E-R 图如图 1.2所示。

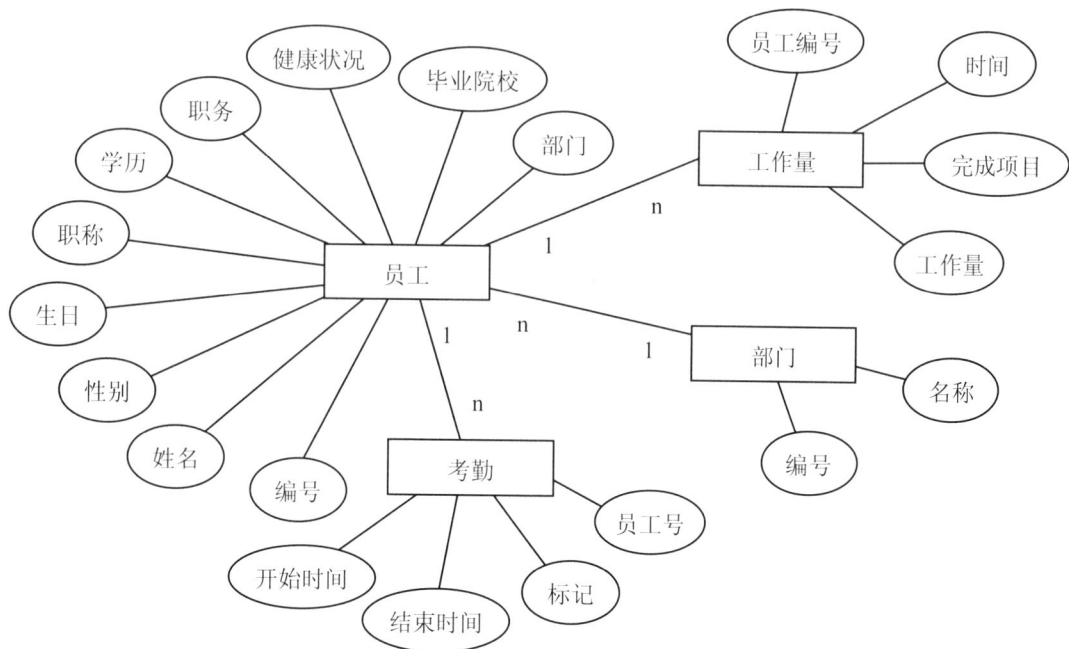

图 1.2 系统主要 E-R 图

系统主要包含四类实体：

（1）员工：作为系统最重要的实体，员工具有最多的属性，同时也在图中居于核心位置。对于其属性的识别要严格参照功能需求，所有需要录入的信息都应作为候选属性加以识别。

（2）部门：员工所属部门，与员工之间是一对多的关系，即每名员工只属于一个部门，每个部门包含多名员工。

（3）考勤：员工的考勤信息，用以记录员工每天的到岗情况。其中"标记"属性可使用数字或文字对迟到、早退、请假、旷工等情况进行标识。与员工之间是多对一的关系，即每名员工拥有多条考勤记录，每条考勤记录只属于一名员工。

（4）工作量：员工的工作量信息，用以记录员工一定时期内的工作情况。与员工之间是多对一的关系，即每名员工拥有多条工作量记录，每条工作量记录只属于一名员工。

另外，系统中还包含管理员实体，较为简单，只包含用户名、密码、管理员类别等属性，且与其他实体不存在关联关系，故不再赘述。

1.4.2　数据库表设计

根据前述 E-R 图设计出系统具有的表结构，其中，员工信息表如表 1.1 所示。

表 1.1　员工信息表

编号	字段名称	数据类型	说明
1	编号	int	主键、自增
2	姓名	varchar(20)	
3	性别	int	性别（0—男，1—女）
4	生日	date	
5	学历	varchar(10)	
6	职务	varchar(10)	
7	职称	varchar(10)	
8	毕业院校	varchar(20)	
9	健康状况	varchar(10)	
10	部门编号	int	外键

员工信息表与员工实体相对应，包含其所有属性。其中编号字段应设为主键并自增，以保持数据完整性。部门编号字段作为外键与部门信息表关联，用以表示员工所属的部门。学历、职务、职称字段也可使用 int 型数据，用整型数表示，但需在程序中做数字与文字的转换。

部门信息表如表 1.2 所示。

表 1.2　部门信息表

编号	字段名称	数据类型	说明
1	编号	int	主键、自增
2	名称	varchar(20)	

部门信息表与部门实体相对应，包含其所有属性。其中编号字段应设为主键并自增，以保持数据完整性。

考勤信息表如表 1.3 所示。

表 1.3　考勤信息表

编号	字段名称	数据类型	说明
1	员工编号	int	联合主键、外键
2	开始时间	datetime	联合主键
3	结束时间	datetime	联合主键
4	标记	varchar(20)	

考勤信息表与部门实体相对应，包含其所有属性。其中员工编号、开始时间、结束时间字段应设为联合主键，以保持数据完整性。同时员工编号字段还作为外键与员工信息表关联，用以表示考勤信息所属的员工。

工作量信息表如表 1.4 所示。

表 1.4　工作量信息表

编号	字段名称	数据类型	说明
1	员工编号	int	联合主键、外键
2	时间	datetime	联合主键
3	完成项目	varchar(50)	
4	工作量	float	

工作量信息表与部门实体相对应，包含其所有属性。其中员工编号、时间字段应设为联合主键，以保持数据完整性。同时员工编号字段还作为外键与员工信息表关联，用以表示工作量信息所属的员工。

管理员表如表 1.5 所示。

表 1.5　管理员表

编号	字段名称	数据类型	说明
1	用户名	varchar(20)	主键
2	密码	varchar(20)	
3	管理员类别	varchar(20)	

管理员表与管理员实体相对应，包含其所有属性。其中用户名字段应设为主键，以保持数据完整性。管理员类别字段也可使用 int 型数据，用整型数表示，但需在程序中做数字与文字的转换。

1.4.3　数据库构建

数据库在 SQL Server 2008 数据库环境下构建，SQL 脚本代码如下，该代码包含了表、主键、外键关系、触发器等元素。为方便读者阅读，所有表名、字段名等名称都使用了中文，读者自行练习时应将其改为英文。

```
--建表
CREATE TABLE [dbo].[员工信息表](
        [编号] [int] IDENTITY (1,1) NOT NULL, --自增
        [姓名] [varchar] (20) NOT NULL,
        [性别] [int] NOT NULL,
        [生日] [date] NOT NULL,
        [学历] [varchar](10) NOT NULL,
        [职务] [varchar](10) NULL,
        [职称] [varchar](10) NULL,
        [毕业院校] [varchar](20) NULL,
        [健康状况] [varchar](10) NULL,
        [部门编号] [int] NOT NULL,
CONSTRAINT [PK_员工信息表] PRIMARY KEY CLUSTERED
(
        [编号] ASC
)WITH
(PAD_INDEX=OFF,STATISTICS_NORECOMPUTE=OFF,IGNORE_DUP_KEY=OFF,ALLOW_RO
W_LOCKS=ON,ALLOW_PAGE_LOCKS=ON)ON [PRIMARY]
)ON [PRIMARY]

--建立外键关系
ALTER TABLE [dbo].[员工信息表] WITH CHECK ADD CONSTRAINT [FK_员工信息表_部门信息
表] FOREIGN KEY([部门编号])
REFERENCES [dbo].[部门信息表]([编号])
ALTER TABLE [dbo].[员工信息表] CHECK CONSTRAINT [FK_员工信息表_部门信息表]

--建表
CREATE TABLE [dbo].[部门信息表](
        [编号] [int] IDENTITY(1,1) NOT NULL, --自增
        [名称] [varchar](20) NOT NULL,
CONSTRAINT [PK_部门信息表] PRIMARY KEY CLUSTERED
(
        [编号] ASC
)WITH
(PAD_INDEX=OFF,STATISTICS_NORECOMPUTE=OFF,IGNORE_DUP_KEY=OFF,ALLOW_RO
W_LOCKS=ON,ALLOW_PAGE_LOCKS=ON)ON [PRIMARY]
)ON [PRIMARY]

--建表
CREATE TABLE [dbo].[考勤信息表](
        [员工编号] [int] NOT NULL,
```

```
    [开始时间] [datetime] NOT NULL,
    [结束时间] [datetime] NOT NULL,
    [标记] [varchar](20) NOT NULL,
CONSTRAINT [PK_考勤信息表] PRIMARY KEY CLUSTERED--联合主键
(
    [员工编号] ASC,
    [开始时间] ASC,
    [结束时间] ASC
)WITH
(PAD_INDEX=OFF,STATISTICS_NORECOMPUTE=OFF,IGNORE_DUP_KEY=OFF,ALLOW_RO
W_LOCKS=ON,ALLOW_PAGE_LOCKS=ON)ON [PRIMARY]
)ON [PRIMARY]


--建立外键关系
ALTER TABLE [dbo].[考勤信息表] WITH CHECK ADD CONSTRAINT [FK_考勤信息表_员工信息
表] FOREIGN KEY([员工编号])
REFERENCES [dbo].[员工信息表]([编号])
ALTER TABLE [dbo].[考勤信息表] CHECK CONSTRAINT [FK_考勤信息表_员工信息表]


--建表
CREATE TABLE [dbo].[管理员表](
    [用户名] [varchar](20) NOT NULL,
    [密码] [varchar](20) NOT NULL,
    [管理类别] [varchar](20) NOT NULL,
CONSTRAINT [PK_管理员表] PRIMARY KEY CLUSTERED
(
    [用户名] ASC
)WITH
(PAD_INDEX=OFF,STATISTICS_NORECOMPUTE=OFF,IGNORE_DUP_KEY=OFF,ALLOW_RO
W_LOCKS=ON,ALLOW_PAGE_LOCKS=ON)ON [PRIMARY]
)ON [PRIMARY]


--建立触发器, 当从员工信息表中删除数据时, 自动删除考勤信息表中该员工对应的考勤信息
CREATE TRIGGER [dbo].[删除员工触发器]
ON [dbo].[员工信息表]
AFTER DELETE
AS
BEGIN
    SET NOCOUNT ON;
    DECLARE @编号 int
    SELECT @编号=编号
    FROM deleted
    DELETE FROM dbo.考勤信息表
    WHERE 员工编号=@编号
END
```

1.5　关键代码示例

1.5.1　系统主界面

系统主界面如图 1.3所示，系统的全部功能都可以通过菜单中的选项进入。

图 1.3　系统主界面

首先建立针对各个功能的主菜单，然后在各菜单内加入子菜单或菜单项，再为每个菜单项添加事件监听器，最后设置系统背景图片。实现代码如下：

```java
import java.awt.BorderLayout;
import java.awt.Color;
import java.awt.Container;
import java.awt.Font;
import java.awt.GridLayout;
import java.awt.Image;
import java.awt.event.ActionEvent;
import java.awt.event.ActionListener;
import java.awt.image.BufferedImage;

import javax.swing.ImageIcon;
import javax.swing.JFrame;
```

```
import javax.swing.JLabel;
import javax.swing.JMenu;
import javax.swing.JMenuBar;
import javax.swing.JMenuItem;
import javax.swing.JPanel;
import javax.swing.JRootPane;
import javax.swing.JTextField;


public class mainFrame {
    //主界面
    JFrame frame = new JFrame();
    Container content = frame.getContentPane();
    JMenu Barmenu = new JMenuBar();
    JMenu browse = new JMenu("浏览");
    JMenu login = new JMenu("录入");
    JMenu update = new JMenu("修改");
    JMenu inquire = new JMenu("查询");
    JMenu delete = new JMenu("删除");
    JMenu statistic = new JMenu("统计");

    public mainFrame(){

        //信息浏览
        JMenuItem staff = new JMenuItem("员工信息浏览");
        staff.addActionListener(new staffInfor());
        JMenuItem teacher = new JMenuItem("教师信息浏览");
        teacher.addActionListener(new teaInfor());
        JMenuItem scientResearch = new JMenuItem("科研信息浏览");
        scientResearch.addActionListener(new scientInfor());
        browse.add(staff); browse.add(teacher); browse.add(scientResearch);

        //信息录入
        staff = new JMenuItem("员工信息录入"); teacher = new JMenuItem("教师信息录入");
scientResearch = new JMenuItem("科研信息录入");
        staff.addActionListener(new staffLogIn());
        teacher.addActionListener(new teaLogIn());
        scientResearch.addActionListener(new scientLogIn());
        login.add(staff); login.add(teacher); login.add(scientResearch);

        //信息修改
        staff = new JMenuItem("员工信息修改"); teacher = new JMenuItem("教师信息修改");
scientResearch = new JMenuItem("科研信息修改");
```

```
staff.addActionListener(new staffUpdate());
teacher.addActionListener(new teaUpdate());
scientResearch.addActionListener(new scientUpdate());
update.add(staff); update.add(teacher); update.add(scientResearch);


//信息查询
staff = new JMenuItem("员工信息查询"); teacher = new JMenuItem("教师信息查询");
scientResearch = new JMenuItem("科研信息查询");
inquire.add(staff); inquire.add(teacher); inquire.add(scientResearch);
staff.addActionListener(new staffInquire());
teacher.addActionListener(new teaInquire());
scientResearch.addActionListener(new scientInquire());


//信息删除
staff = new JMenuItem("退休员工删除"); teacher = new JMenuItem("教师信息删除");
scientResearch = new JMenuItem("科研信息删除");
delete.add(staff); delete.add(teacher); delete.add(scientResearch);
staff.addActionListener(new staffDelete());
teacher.addActionListener(new teaDelete());
scientResearch.addActionListener(new scientDelete());


//信息统计
JMenuItem ky = new JMenuItem("科研方向");
JMenuItem kc = new JMenuItem("课程");
JMenuItem jc = new JMenuItem("奖惩");
JMenuItem zlandkw = new JMenuItem("专利及论文");
JMenuItem retiree = new JMenuItem("退休员工");
statistic.add(ky); statistic.add(kc); statistic.add(jc); statistic.add(zlandkw);statistic.add(retiree);
ky.addActionListener(new statisKy());
kc.addActionListener(new statisKc());
jc.addActionListener(new statisJc());
zlandkw.addActionListener(new statisZlAndKw());
retiree.addActionListener(new retireeInfor());


menu.add(browse);
menu.add(login);
menu.add(update);
menu.add(inquire);
menu.add(delete);
menu.add(statistic);


content.add(menu,BorderLayout.NORTH);
JLabel title = new JLabel("欢迎使用人事信息管理系统");
title.setFont(new java.awt.Font("dialog",1,45));
title.setForeground(Color.pink);
```

```
title.setOpaque(false);
content.add(title,BorderLayout.CENTER);

frame.setBounds(200,100, 500, 500);
frame.setTitle("人事信息管理");
frame.setUndecorated(true);
frame.getRootPane().setWindowDecorationStyle(JRootPane.FRAME);
JPanel imagePanel = new JPanel();
ImageIcon background;
BufferedImage image=null;
image=(BufferedImage) backgroundUtil.getImage("t4.jpg");
background = new ImageIcon(image.getScaledInstance(600, 600,Image.SCALE_AREA_AVERAGING));
//背景图片
JLabel label = new JLabel(background);//把背景图片显示在一个标签里面
label.setBounds(0,0,background.getIconWidth(),background.getIconHeight());
//把标签的大小位置设置为图片刚好填充整个面板
//把内容窗格转化为 JPanel，否则不能用方法 setOpaque()来使内容窗格透明
imagePanel = (JPanel)frame.getContentPane();
imagePanel.setOpaque(false);
//内容窗格默认的布局管理器为 BorderLayout

frame.getLayeredPane().setLayout(null);
//把背景图片添加到分层窗格的最底层作为背景
frame.getLayeredPane().add(label,new Integer(Integer.MIN_VALUE));
frame.setSize(background.getIconWidth(),background.getIconHeight());
frame.setDefaultCloseOperation(JFrame.EXIT_ON_CLOSE);
frame.setVisible(true);

        }

    }
```

1.5.2　员工信息浏览

员工信息浏览界面如图 1.4所示。可从菜单中的浏览菜单进入此界面，在界面中列出了员工的所有信息。

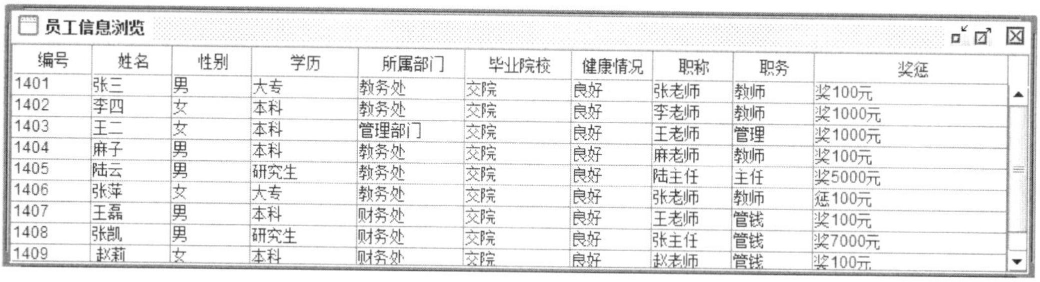

编号	姓名	性别	学历	所属部门	毕业院校	健康情况	职称	职务	奖惩
1401	张三	男	大专	教务处	文院	良好	张老师	教师	奖100元
1402	李四	女	本科	教务处	文院	良好	李老师	教师	奖1000元
1403	王二	女	本科	管理部门	文院	良好	王老师	管理	奖1000元
1404	麻子	男	本科	教务处	文院	良好	麻老师	教师	奖100元
1405	陆云	男	研究生	教务处	文院	良好	陆主任	主任	奖5000元
1406	张萍	女	大专	教务处	文院	良好	张老师	教师	惩100元
1407	王磊	男	本科	财务处	文院	良好	王老师	教师	奖100元
1408	张凯	男	研究生	财务处	文院	良好	张主任	管钱	奖7000元
1409	赵莉	女	本科	财务处	文院	良好	赵老师	管钱	奖100元

图 1.4　员工信息浏览界面

　　系统中各子界面都是通过 ActionListener 实现，当点击主界面菜单中的相关菜单项时，触发 ActionEvent 事件。通过 getActionCommand 获取事件是否对应本界面，如果是，则通过数据库工具类 jdbcUtil 创建数据库连接并执行数据读取的 SQL 语句，获取到数据后按列填充至 JTable 中。员工信息浏览界面实现代码如下：

```java
import java.awt.BorderLayout;
import java.awt.Dimension;
import java.awt.event.ActionEvent;
import java.awt.event.ActionListener;
import java.sql.Connection;
import java.sql.ResultSet;
import java.sql.ResultSetMetaData;
import java.sql.SQLException;

import javax.swing.ImageIcon;
import javax.swing.JButton;
import javax.swing.JFrame;
import javax.swing.JPanel;
import javax.swing.JRootPane;
import javax.swing.JScrollPane;
import javax.swing.JTable;
import javax.swing.table.DefaultTableModel;
import javax.swing.table.TableColumn;
import javax.swing.table.TableModel;

public class staffInfor implements ActionListener {
    @Override
    public void actionPerformed(ActionEvent e) {
        if(e.getActionCommand().equals("员工信息浏览")){
        Connection conn = null;
        java.sql.Statement st=null;
        ResultSet rs = null;
        TableModel tableModel=null;
        JTable table = new JTable(tableModel);
        DefaultTableModel defaultModel = null;
        try{
            conn = jdbcUtil.getSQLConn();
            conn.setAutoCommit(true);
            st=conn.createStatement();
            //获取结果集元数据
            rs = st.executeQuery("select 编号 from staff");
            int count=0;
            while(rs.next()){count++;}
            Object [][]obj = new Object[count][10];
```

```
rs = st.executeQuery("select * from staff");
int i=0;
while(rs.next()){
        obj[i][0] = rs.getObject(1);
        obj[i][1] = rs.getObject(2);
        obj[i][2] = rs.getObject(3);
        obj[i][3] = rs.getObject(4);
        obj[i][4] = rs.getObject(5);
        obj[i][5] = rs.getObject(6);
        obj[i][6] = rs.getObject(7);
        obj[i][7] = rs.getObject(8);
        obj[i][8] = rs.getObject(9);
        obj[i][9] = rs.getObject(10);
        i++;
}
final JFrame f = new JFrame("员工信息浏览");
String []Names = {"编号","姓名","性别","学历","所属部门","毕业院校","健康情况",
"职称","职务","奖惩"};
defaultModel = new DefaultTableModel(obj,Names);
table = new JTable(defaultModel);
table.setPreferredScrollableViewportSize(new Dimension(400, 800));
JScrollPane scrollPane = new JScrollPane(table);
f.add(scrollPane,BorderLayout.CENTER);
table.setAutoResizeMode(JTable.AUTO_RESIZE_SUBSEQUENT_COLUMNS);
TableColumn column=null;
column=table.getColumnModel().getColumn(0);
column.setPreferredWidth(60);
column=table.getColumnModel().getColumn(1);
column.setPreferredWidth(60);
column=table.getColumnModel().getColumn(2);
column.setPreferredWidth(60);
column=table.getColumnModel().getColumn(3);
column.setPreferredWidth(80);
column=table.getColumnModel().getColumn(4);
column.setPreferredWidth(80);
column=table.getColumnModel().getColumn(5);
column.setPreferredWidth(80);
column=table.getColumnModel().getColumn(6);
column.setPreferredWidth(60);
column=table.getColumnModel().getColumn(7);
column.setPreferredWidth(60);
column=table.getColumnModel().getColumn(8);
column.setPreferredWidth(60);
```

```
            column=table.getColumnModel().getColumn(9);
            column.setPreferredWidth(150);

            f.setBounds(300, 200, 800, 200);
            f.setUndecorated(true);
        f.getRootPane().setWindowDecorationStyle(JRootPane.FRAME);
            f.setDefaultCloseOperation(JFrame.DISPOSE_ON_CLOSE);
            f.setVisible(true);

        }catch(SQLException e1){
            System.out.println("异常"+e1);
        }finally{
            jdbcUtil.close(rs, st, conn);
        }
        }
        }
    }
}
```

1.5.3　员工信息录入界面

员工信息录入界面如图 1.5 所示。可从菜单中的录入菜单进入此界面，在此界面中可录入员工的所有信息，当编号信息重复时会给出提示信息。

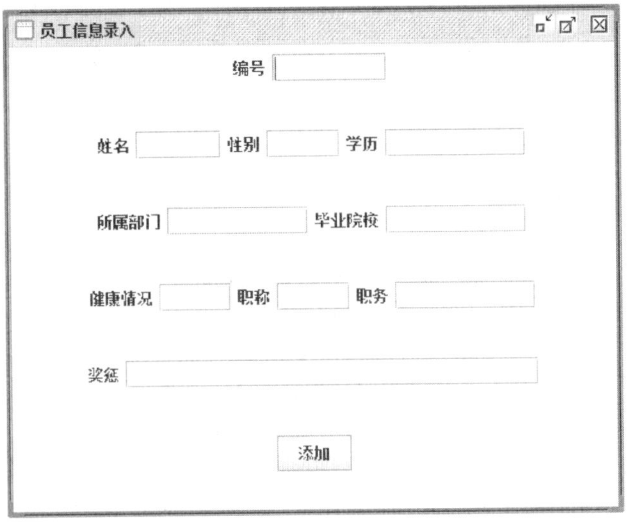

图 1.5　员工信息录入界面

录入信息并点击"添加"按钮后，通过数据库工具类 jdbcUtil 创建数据库连接并执行判断数据重复的方法，如果存在相同编号，则弹出提示窗口，否则执行插入数据的 SQL 语句。界面实现代码如下：

```
        import java.awt.BorderLayout;
        import java.awt.GridLayout;
```

```java
import java.awt.Image;
import java.awt.event.ActionEvent;
import java.awt.event.ActionListener;
import java.awt.image.BufferedImage;
import java.sql.Connection;
import java.sql.ResultSet;

import javax.swing.ImageIcon;
import javax.swing.JButton;
import javax.swing.JFrame;
import javax.swing.JLabel;
import javax.swing.JOptionPane;
import javax.swing.JPanel;
import javax.swing.JRootPane;
import javax.swing.JTextField;

public class staffLogIn implements ActionListener{

    @Override
    public void actionPerformed(ActionEvent e) {
        if(e.getActionCommand().equals("员工信息录入")){
            final JFrame framestaff = new JFrame("员工信息录入");
            framestaff.setBounds(200,100, 500, 500);
            JLabel jl1 = new JLabel("编号");
            jl1.setToolTipText("例如:1401");
            final JTextField jt1 = new JTextField(8);
            JLabel jl2 = new JLabel("姓名");
            final JTextField jt2 = new JTextField(6);
            JLabel jl3 = new JLabel("性别");
            final JTextField jt3 = new JTextField(5);
            JLabel jl4 = new JLabel("学历");
            jl4.setToolTipText("大专,本科,研究生...");
            final JTextField jt4 = new JTextField(10);
            JLabel jl5 = new JLabel("所属部门");
            final JTextField jt5 = new JTextField(10);
            JLabel jl6 = new JLabel("毕业院校");
            final JTextField jt6 = new JTextField(10);
            JLabel jl7 = new JLabel("健康情况");
            jl7.setToolTipText("差,良好...");
            final JTextField jt7 = new JTextField(5);
            JLabel jl8 = new JLabel("职称");
            final JTextField jt8 = new JTextField(10);
            JLabel jl9 = new JLabel("职务");
```

```java
final JTextField jt9 = new JTextField(10);
JLabel jl10 = new JLabel("奖惩");
final JTextField jt10 = new JTextField(30);


JButton jb1 = new JButton("添加");
jb1.addActionListener(new ActionListener() {
    @Override
    public void actionPerformed(ActionEvent e) {
        if(e.getActionCommand().equals("添加")){
            String c1 = jt1.getText();
        if(c1.equals("")){
            javax.swing.JOptionPane.showMessageDialog(null, "请输入编号！ ");
            }else if(jdbcUtil.samenumber(c1, "staff")){
            javax.swing.JOptionPane.showMessageDialog(null, "此编号已存在!");
            }
        else if(jdbcUtil.nunnumber(c1, "staff")){
            String c2 = jt2.getText();
            String c3 = jt3.getText();
            String c4 = jt4.getText();
            String c5 = jt5.getText();
            String c6 = jt6.getText();
            String c7 = jt7.getText();
            String c8 = jt8.getText();
            String c9 = jt9.getText();
            String c10 = jt10.getText();
            Connection conn = null;
        java.sql.Statement st=null;
        ResultSet rs = null;
        try{
            conn = jdbcUtil.getSQLConn();
            conn.setAutoCommit(true);
            System.out.println("已经连接到数据库…");
            st=conn.createStatement();
            StringBuffer sql = new StringBuffer("insert into staff(编号,姓名,性别,
            学历,所属部门,毕业院校,健康情况,职称,职务,奖惩) values('");
            sql.append(c1+"','"); sql.append(c2+"','");sql.append(c3+"','"); sql.append(c4+"','");
            sql.append(c5+"','");
            sql.append(c6+"','");sql.append(c7+"','");sql.append(c8+"','"); sql.append(c9+"','");
            sql.append(c10+"')");
            st.executeUpdate(sql.toString());
            javax.swing.JOptionPane.showMessageDialog(null, "录入成功！！ ");
```

```
            }catch(Exception e2){
                e2.printStackTrace();
            }finally{
                jdbcUtil.close(rs, st, conn);
            }
        }
    }

    }
});
JPanel jp = new JPanel();

JPanel jp1 = new JPanel();
JPanel jp2 = new JPanel();
JPanel jp3 = new JPanel();
JPanel jp4 = new JPanel();
JPanel jp5 = new JPanel();
jp1.add(jl1);
jp1.add(jt1);
jp2.add(jl2);
jp2.add(jt2);
jp2.add(jl3);
jp2.add(jt3);
jp2.add(jl4);
jp2.add(jt4);
jp3.add(jl5);
jp3.add(jt5);
jp3.add(jl6);
jp3.add(jt6);
jp4.add(jl7);
jp4.add(jt7);
jp4.add(jl8);
jp4.add(jt8);
jp4.add(jl9);
jp4.add(jt9);
jp5.add(jl10);
jp5.add(jt10);
jp.add(jb1);

framestaff.setUndecorated(true);
framestaff.getRootPane().setWindowDecorationStyle(JRootPane.FRAME);
JPanel imagePanel = new JPanel();
ImageIcon background;
```

```
                BufferedImage image=null;
                image=(BufferedImage) backgroundUtil.getImage("t6.jpg");
                background    =    new    ImageIcon(image.getScaledInstance(600,    600,Image.
SCALE_AREA_AVERAGING));//背景图片
                JLabel label = new JLabel(background);//把背景图片显示在一个标签里面
                label.setBounds(0,0,background.getIconWidth(),background.getIconHeight());//把标签的大
小位置设置为图片刚好填充整个面板
//把内容窗格转化为 JPanel，否则不能用方法 setOpaque()来使内容窗格透明
                imagePanel = (JPanel)framestaff.getContentPane();
                imagePanel.setOpaque(false);
//内容窗格默认的布局管理器为 BorderLayout

                imagePanel.setLayout(new GridLayout(7,3));
                    imagePanel.add(jp1);
                    imagePanel.add(jp2);
                    imagePanel.add(jp3);
                    imagePanel.add(jp4);
                    imagePanel.add(jp5);

                    jp1.setOpaque(false);
                    jp2.setOpaque(false);
                    jp3.setOpaque(false);
                    jp4.setOpaque(false);
                    jp5.setOpaque(false);
                    jp.setOpaque(false);

                framestaff.getLayeredPane().setLayout(null);
//把背景图片添加到分层窗格的最底层作为背景
                framestaff.getLayeredPane().add(label,new Integer(Integer.MIN_VALUE));
                framestaff.setSize(background.getIconWidth(),background.getIconHeight());
                    framestaff.add(jp,BorderLayout.SOUTH);

                    framestaff.setDefaultCloseOperation(JFrame.DISPOSE_ON_CLOSE);
                    framestaff.setVisible(true);
                    }
                }
            }
```

1.5.4　数据库工具类

数据库工具类主要用于实现公共的数据库连接、关闭方法，并提供常用的数据查询方法，以便进行代码重用，提高软件开发效率。具体实现代码如下：

```
    import java.sql.Connection;
    import java.sql.DriverManager;
```

import java.sql.ResultSet;

```java
public class jdbcUtil {
    public static Connection getSQLConn(){
        try {
        Class.forName("com.microsoft.sqlserver.jdbc.SQLServerDriver");
        return  DriverManager.getConnection("jdbc:sqlserver://localhost:1433;DatabaseName=rsxxgl", "sa",
"123");
        }catch(Exception e){
            e.printStackTrace();
            return null;
        }
    }

    public static void close(ResultSet rs,java.sql.Statement st,Connection conn){
        try{
            if(rs!=null){
                rs.close();
            }
        }catch(Exception e){
            e.printStackTrace();
        }
        try{
            if(st!=null){
                st.close();
            }
        }catch(Exception e){
            e.printStackTrace();
        }
        try{
            if(conn!=null){
                conn.close();
            }
        }catch(Exception e){
            e.printStackTrace();
        }
    }
    public static Boolean nunnumber(String num,String tablename){
        Boolean nu =true;
        Connection conn = null;
        java.sql.Statement st=null;
        ResultSet rs = null;
        try{
            conn = jdbcUtil.getSQLConn();
            conn.setAutoCommit(true);
```

```
        st=conn.createStatement();
        StringBuffer sql = new StringBuffer("select * from ");
        sql.append(tablename);
        rs = st.executeQuery(sql.toString());
        while(rs.next()){;
                String num2 =rs.getString(1).trim();
                if(num.equals(num2)){
                        nu = false;
                }
        }

    }catch(Exception e2){
            e2.printStackTrace();
    }finally{
            jdbcUtil.close(rs, st, conn);
    }
    return nu;
}

public static Boolean samenumber(String num,String tablename){
        Boolean nu=false;
        Connection conn = null;
        java.sql.Statement st=null;
        ResultSet rs = null;
        try{
                conn = jdbcUtil.getSQLConn();
                conn.setAutoCommit(true);
                System.out.println("已经连接到数据库…");
                st=conn.createStatement();
                StringBuffer sql = new StringBuffer("select * from ");
                sql.append(tablename);
                rs = st.executeQuery(sql.toString());
                while(rs.next()){
                        String num2 = rs.getString(1).trim();
                        if(num.equals(num2)){
                                nu=true;

                        }

                }

        }catch(Exception e2){
                e2.printStackTrace();
        }finally{
                jdbcUtil.close(rs, st, conn);
```

```
            }
            returnnu;
        }
    }
```

1.6 拓展练习

在系统中加入薪酬管理模块，包括薪酬查看、薪酬统计、根据员工工作年限与工作量计算工资等功能。

任务二　超市销售管理系统

2.1　任务描述

最初的超市资料管理，都是靠人力来完成的。但随着超市经营规模日趋扩大，销售额和门店数量不断增加，商品品种也向着多样化发展。小型超市在业务上需要处理大量的库存信息，还要时刻更新产品的销售信息，不断添加商品信息，并对商品各种信息进行统计分析。因此，在超市管理中引进现代化的办公软件，实现对超市商品的控制和传输，从而方便销售行业的管理和决策，为超市和超市管理人员解除后顾之忧。

本任务以超市销售管理系统为背景，开发易用的程序帮助超市工作人员利用计算机，以便于对超市有关数据进行管理、输入、输出、查找等操作，使杂乱的超市数据能够具体化、直观化、合理化，帮助销售部门提高工作效率。

2.2　需求分析

本系统的用户主要是各超市的销售、仓储等业务管理人员和计算机系统管理员，因此系统应包含以下主要功能：

1. 用户登录

登录功能是进入系统必须经过的验证过程，其主要功能是验证使用者的身份，确认使用者的权限，从而在使用软件过程中能安全地控制系统数据，即不同的工作人员有不同的权限，每个使用人员不得跨越其权限操作软件，可以避免不必要的数据丢失事件发生。

2. 系统信息管理

计算机系统管理员所需要的主要功能，包括管理系统信息，对各部门人员、权限进行管理等。

3. 会员信息管理

会员管理是对企业会员的基本资料、消费、积分、储值、促销和优惠政策的管理。通过信息管理，使商家和客户随时保持良好的联系，从而使客户重复消费，提高客户忠诚度，实现业绩增长的目的。会员管理主要包括会员资格获得、会员资格管理、会员奖励（体现在会员管理或者客户关系管理过程中）与优惠（体现在销售消费过程中）。

4. 商品信息管理

商品管理是指超市从分析顾客的需求和自身情况入手，对商品组合、定价方法、促销活动，以及资金使用、库存商品和其他经营性指标进行全面管理，以保证在最佳的时间、将最合适的数量、按正确的价格向顾客提供商品，同时达到既定的经济效益指标。因此需要提供对任意商品信息的添加、修改、删除，做到对商品促销信息的及时维护。

5. 销售信息管理

销售管理是为了实现各种组织目标，创造、建立和保持与目标市场之间的有益交换和联系而进行的分析、计划、执行、监督和控制。通过计划、执行、监督及控制企业的销售活动，以达到企业的销售目标。超市中的销售管理需要对全部销售情况进行监控，以确定各类商品的销售情况，以及所有会员的购买情况，以方便超市对于会员优惠或商品促销做出及时调整。

2.3 功能结构设计

根据前述需求分析，得出系统应包含以下功能模块，如图 2.1 所示。

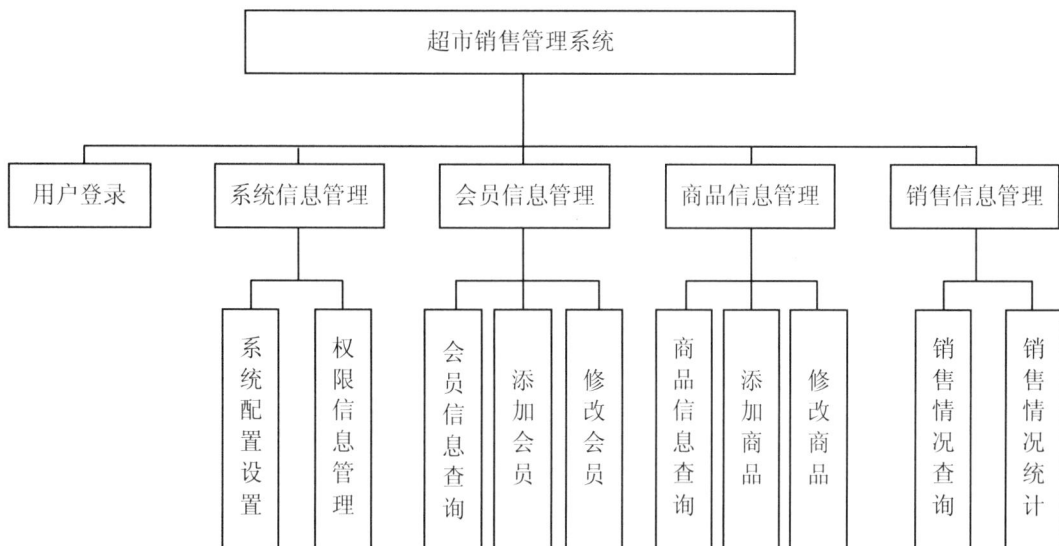

图 2.1 超市销售管理系统模块结构图

1. 用户登录

输入数据为员工号和密码。点击"确定"按钮后，若员工号、密码正确则根据员工部门权限提供相应管理界面，否则提示登录失败；点击"取消"按钮后退出系统。

2. 系统信息管理模块

（1）系统配置设置。

输入数据为数据库服务器地址、数据库连接用户名、数据库连接密码。点击"确定"按钮保存设置；点击"取消"按钮退出界面。

（2）权限信息管理。

通过列表显示所有员工的用户名、密码、部门等信息，提供增加、删除、修改相应信息的功能。各部门员工只能查询、管理本部门的商品和销售信息。

3. 会员信息管理模块

（1）会员信息查询。

列表显示所有会员的基本信息，包括编号、姓名、性别、出生日期、身份证号、联系电话、家庭住址、会员等级。提供按会员等级、年龄段列表显示功能。

（2）添加会员。

对新加入的会员提供其各项信息的输入，包括姓名、性别、出生日期、身份证号、联系电话、家庭住址等。

（3）修改会员。

对超市会员提供其各项信息的修改，联系电话、家庭住址、会员等级等。

注意：为保持超市的市场占有率、维护超市与会员的关系，在超市管理系统中一般不提供删除会员的功能。

4. 商品信息管理模块

（1）商品信息查询。

列表显示所有商品的基本信息，包括编号、品名、类别、价格、供应商、当前折扣。提供按商品类别、供应商显示功能。提供按商品名模糊查询功能。

（2）添加商品。

对新进货的商品提供其各项信息的输入，包括编号、品名、类别、供应商等。

（3）修改商品。

对超市现有商品提供其各项信息的修改，包括价格、供应商、当前折扣等。

注意：为保持超市商品种类齐全、提高超市竞争力，在超市管理系统中对于不再销售的商品一般不提供删除功能。

5. 销售信息管理模块

（1）销售情况查询。

列表显示超市所有商品销售明细情况，提供按照商品编号、会员编号的精确查询功能，以及按照商品名称、会员名称的模糊查询功能。

（2）销售情况统计。

提供对销售数据的汇总统计功能，包括：各商品每月的销售情况，提供排序及按照商品名称的模糊查询；各会员每月的消费情况，提供排序。

2.4　数据库设计

2.4.1　E-R 图

系统主要 E-R 图如图 2.2 所示。

系统主要包含三类实体：

（1）会员：作为系统的重要实体之一，会员具有最多的属性，对于其属性的识别要严格参照功能需求，所有需要录入的信息都应仔细识别是否应作为属性添加到 E-R 图中。

（2）商品：系统中另一极为重要的实体，其属性的识别也应严格按照具体系统录入的需求进行，所有需要录入的信息都应仔细识别是否应作为属性添加到 E-R 图中。

（3）账单：在销售管理系统中，商品不是独立存在的，是通过账单与用户的购买行为联系在一起的。每份账单中对应一个账单编号和多个商品编号，因此账单与商品之间是一对多的关系。

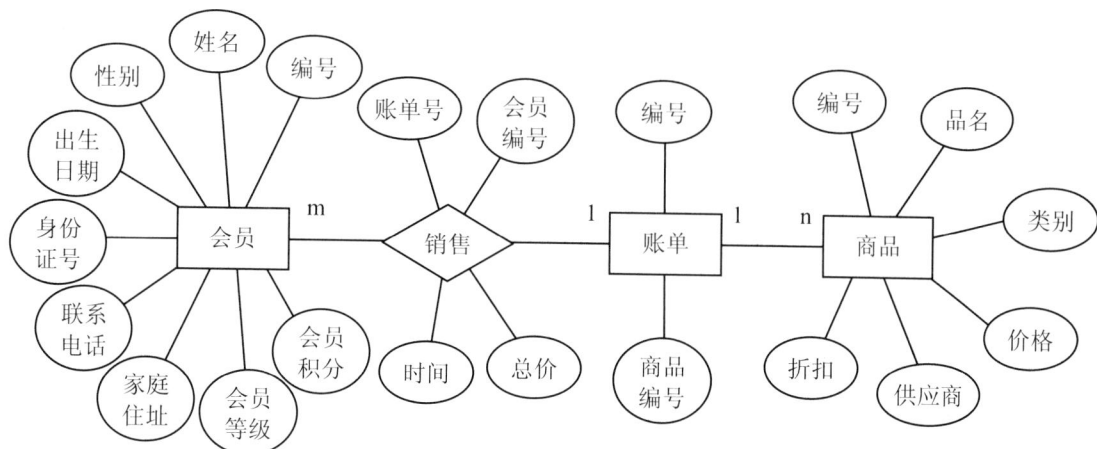

图 2.2　系统主要 E-R 图

系统中还应包含一个关系：

销售：作为销售管理系统所需要管理的核心内容，销售将会员、账单、商品串联起来，形成了系统的基础框架。会员可以购买多个商品，每一种商品也可被多个会员购买。可见，会员与商品之间存在多对多（m:n）的关系。为了拆分这种关系，在会员与商品之间添加了销售关系，会员在超市的一次购物行为即对应一条销售记录。但会员在一次购物行为中仍可购买多件商品，仍然存在数据冗余，因此添加实体账单：会员在一次购物中产生一个账单，每个账单中可包含多个商品。这样就将所有关系清楚、条理地展现了出来，并解决了所有可能存在的冗余情况。

另外，系统中还包含超市员工实体，较为简单，只包含用户名、密码、所管理的商品类别等属性，对重要业务不产生实质影响，故不再赘述。

2.4.2　数据库表设计

根据前述 E-R 图设计出系统具有如下表结构，其中，会员信息表如表 2.1 所示。

表 2.1　会员信息表

编号	字段名称	数据类型	说明
1	编号	int	主键、自增
2	姓名	varchar(20)	
3	性别	int	性别（0—男，1—女）
4	出生日期	date	
5	身份证号	varchar(20)	
6	联系电话	varchar(20)	
7	家庭住址	varchar(50)	
8	会员等级	varchar(10)	
9	会员积分	float	

会员信息表与会员实体相对应，包含其所有属性。其中编号字段应设为主键并自增，以保持

数据完整性。会员等级也可使用 int 型数据，用整型数表示，但需在程序中作数字与文字的转换。

需要注意的是身份证号字段，通过居民身份证号可以唯一标识中国公民身份，具有作为主键的天然优势。但若出现会员丢失会员卡需要补办，或者会员出于安全考虑使用虚假身份证号登记等情况时，就会造成数据冲突。而且本系统的主要业务是管理超市内部的会员身份，超市为维护客户关系也会允许顾客用同一身份证办理多张会员卡，因此在一般的超市业务中都会采用独立编号的会员号。

销售信息表如表 2.2 所示。

表 2.2　销售信息表

编号	字段名称	数据类型	说明
1	编号	int	自增
2	会员编号	int	联合主键、外键
3	账单号	int	联合主键、外键
4	销售时间	datetime	
5	总价	float	

销售信息表与销售关系相对应，包含其所有属性。其中会员编号、账单号字段应设为联合主键，以保持数据完整性。同时会员编号字段还作为外键与会员信息表关联，用以表示销售信息所属的会员。账单号还作为外键与账单信息表关联，用以表示销售信息所对应的账单。由于商品的价格、折扣等信息经常会发生变动，所以使用总价字段保存本次销售过程中所有商品价格的总计，并作为历史记录保存。另外，为管理方便，销售信息表中还可添加编号字段，并设为自增。

账单信息表如表 2.3 所示。

表 2.3　账单信息表

编号	字段名称	数据类型	说明
1	编号	int	主键、自增
2	商品编号	int	外键
3	销售编号	int	外键

账单信息表与账单实体相对应，包含其所有属性。其中编号字段应设为主键并自增，以保持数据完整性。商品编号为外键与商品信息表关联，用以表示账单中所包含的商品。另外，账单信息表中还可添加销售编号字段，作为外键与销售信息表的销售记录相对应，以便于根据商品情况查询购买某件商品的客户信息，为超市的销售数据分析提供支持。

商品信息表如表 2.4 所示。

表 2.4　商品信息表

编号	字段名称	数据类型	说明
1	编号	int	主键、自增
2	品名	varchar(50)	
3	类别	varchar(20)	

续表

编号	字段名称	数据类型	说明
4	价格	float	
5	供应商	varchar(50)	
6	折扣	float	

商品信息表与商品实体相对应，包含其所有属性。其中编号字段应设为主键并自增，以保持数据完整性。类别字段也可使用 int 型数据，用整型数表示，但需在程序中作数字与文字的转换。

员工信息表如表 2.5 所示。

表 2.5　员工信息表

编号	字段名称	数据类型	说明
1	用户名	varchar(20)	主键
2	密码	varchar(20)	
3	管理类别	varchar(20)	所管理商品的类别

员工信息表与员工实体相对应，包含其所有属性。其中用户名字段应设为主键，以保持数据完整性。管理类别字段也可使用 int 型数据，用整型数表示，但需在程序中作数字与文字的转换。

2.4.3　数据库构建

数据库在 SQL Server 2008 数据库环境下构建，SQL 脚本代码如下，该代码包含了表、主键、外键关系、触发器等元素。为方便读者阅读，所有表名、字段名等名称都使用了中文，读者自行练习时应将其改为英文。

```
--建表
CREATE TABLE [dbo].[会员信息表](
    [编号] [int] IDENTITY(1,1) NOT NULL, --自增
    [姓名] [varchar](20) NOT NULL,
    [性别] [int] NOT NULL,
    [出生日期] [date] NOT NULL,
    [身份证号] [varchar](20) NOT NULL,
    [联系电话] [varchar](20) NOT NULL,
    [家庭住址] [varchar](50) NULL,
    [会员等级] [varchar](10) NULL,
    [会员积分] [float] NULL,
CONSTRAINT [PK_会员信息表] PRIMARY KEY CLUSTERED
(
    [编号] ASC
)WITH
(PAD_INDEX=OFF,STATISTICS_NORECOMPUTE=OFF,IGNORE_DUP_KEY=OFF,ALLOW_RO
```

```
W_LOCKS=ON,ALLOW_PAGE_LOCKS=ON)ON [PRIMARY]
)ON [PRIMARY]


--建表
CREATE TABLE [dbo].[销售信息表](
    [编号] [int] IDENTITY(1,1) NOT NULL, --自增
    [会员编号] [int] NOT NULL,
    [账单号] [int] NOT NULL,
    [销售时间] [datetime] NOT NULL,
    [总价] [float] NOT NULL,
CONSTRAINT [PK_销售信息表] PRIMARY KEY CLUSTERED--联合主键
(
    [会员编号] ASC
    [账单号] ASC
)WITH
(PAD_INDEX=OFF,STATISTICS_NORECOMPUTE=OFF,IGNORE_DUP_KEY=OFF,ALLOW_RO
W_LOCKS=ON,ALLOW_PAGE_LOCKS=ON)ON [PRIMARY]
)ON [PRIMARY]


--建立外键关系
ALTER TABLE [dbo].[销售信息表] WITH CHECK ADD CONSTRAINT [FK_销售信息表_会员信息
表] FOREIGN KEY([会员编号])
REFERENCES [dbo].[会员信息表]([编号])
ALTER TABLE [dbo].[销售信息表] CHECK CONSTRAINT [FK_销售信息表_会员信息表]


--建表
CREATE TABLE [dbo].[账单信息表](
    [编号] [int] IDENTITY(1,1) NOT NULL, --自增
    [商品编号] [int] NOT NULL,
    [销售编号] [int] NOT NULL,
CONSTRAINT [PK_账单信息表] PRIMARY KEY CLUSTERED
(
    [编号] ASC,
)WITH
(PAD_INDEX=OFF,STATISTICS_NORECOMPUTE=OFF,IGNORE_DUP_KEY=OFF,ALLOW_RO
W_LOCKS=ON,ALLOW_PAGE_LOCKS=ON)ON [PRIMARY]
)ON [PRIMARY]


--建立外键关系
ALTER TABLE [dbo].[账单信息表] WITH CHECK ADD CONSTRAINT [FK_账单信息表_商品信息
表] FOREIGN KEY([商品编号])
REFERENCES [dbo].[商品信息表]([编号])
ALTER TABLE [dbo].[账单信息表] CHECK CONSTRAINT [FK_账单信息表_商品信息表]
```

```
ALTER TABLE [dbo].[账单信息表] WITH CHECK ADD CONSTRAINT [FK_账单信息表_销售信息
表] FOREIGN KEY([销售编号])
REFERENCES [dbo].[销售信息表]([编号])
ALTER TABLE [dbo].[账单信息表] CHECK CONSTRAINT [FK_账单信息表_销售信息表]


--建表
CREATE TABLE [dbo].[商品信息表](
        [编号] [int] IDENTITY(1,1) NOT NULL, --自增
        [品名] [varchar](50) NOT NULL,
        [类别] [varchar](20) NOT NULL,
        [价格] [float] NOT NULL,
        [供应商] [varchar](50) NOT NULL,
        [折扣] [float] NULL,
CONSTRAINT [PK_商品信息表] PRIMARY KEY CLUSTERED
(
        [编号] ASC
)WITH
(PAD_INDEX=OFF,STATISTICS_NORECOMPUTE=OFF,IGNORE_DUP_KEY=OFF,ALLOW_RO
W_LOCKS=ON,ALLOW_PAGE_LOCKS=ON)ON [PRIMARY]
)ON [PRIMARY]


--建表
CREATE TABLE [dbo].[员工信息表](
        [用户名] [varchar](20) NOT NULL,
        [密码] [varchar](20) NOT NULL,
        [管理类别] [varchar](20) NOT NULL,
CONSTRAINT [PK_员工信息表] PRIMARY KEY CLUSTERED
(
        [用户名] ASC,
)WITH
(PAD_INDEX=OFF,STATISTICS_NORECOMPUTE=OFF,IGNORE_DUP_KEY=OFF,ALLOW_RO
W_LOCKS=ON,ALLOW_PAGE_LOCKS=ON)ON [PRIMARY]
)ON [PRIMARY]


--建立触发器，当向销售信息表中添加数据时，自动修改会员信息表中会员的积分
CREATE TRIGGER [dbo].[修改会员积分触发器]
ON [dbo].[销售信息表]
AFTER INSERT
AS
```

```
BEGIN
    SET NOCOUNT ON;
    DECLARE @编号 int
    SELECT @编号=会员编号, @增加积分=总价
    FROM inserted
    UPDATE dbo.会员信息表
    SET 会员积分=会员积分+@增加积分
    WHERE 编号=@编号
END
```

2.5 关键代码示例

此系统采用了控制台输出界面的方式，共分为三部分：主功能模块、数据库连接模块、表头显示模块。

2.5.1 主功能模块

本模块包含系统的全部主要功能，使用 System.out.println()方法输出各菜单选项，并通过 if 语句控制所有功能间的跳转。即，系统输出菜单后等待用户输入，用户输入有效选项后根据 if 语句的控制逻辑显示下一级菜单项或具体功能界面。系统主界面如图 2.3 所示，选择 1～5 并按"Enter"键进行操作。如选择出错，系统将提出警告，并提醒用户重新进行选择。

```
**********超市信息管理系统*********
会员等级分为三级
 1.查询   2.添加   3.购买   4.进货   5退出
请选择：
```

图 2.3 系统主界面

如需对会员信息进行查看。选择 1 按"Enter"键进入选项，再选择 1 按"Enter"键进入该功能，程序显示数据库中所有会员信息。同样还可以选择 2 或 3，查看库存商品信息及会员积分信息，如图 2.4 所示。

```
1
1.会员查询   2.库存查询   3.积分查询
请选择：
1
```

会员编号	姓名	年龄	性别	联系方式	工作单位
001	葛晓萌	20	女	17862980800	学习
003	许雯雯	20	女	12121212121	加元
004	liyi	19	女	16666666666	聚划算
005	牟晓倩	20	女	17867876877	糊锅
006	王欣	20	女	17867879800	寒风感

图 2.4 查看会员信息界面

其他功能选项都可进入相关功能界面，如图 2.5、图 2.6、图 2.7 所示。

```
 1.查询　2.添加　3.购买　4.进货　5退出
请选择：
2
1.添加会员　2.添加（之前没有的）库存
请选择：
1
会员编号：
100
会员姓名：
小明
年龄：
12
性别：
女
联系方式：
15643438788
工作单位：
小学
添加成功！
```

图 2.5　添加会员信息界面

```
超市会员信息管理系统
会员等级分为三级
 1.查询　2.添加　3.购买　4.进货　5退出
请选择：
3
*******会员购买商品********
选择消费者的会员编号：
001
 输入购买商品的编号：
02001
输入购买数里：
2
```

图 2.6　添加销售信息界面

```
超市会员信息管理系统
会员等级分为三级
 1.查询　2.添加　3.购买　4.进货　5退出
请选择：
4
选择进货的商品编号：
01001
 输入进货数里：
100
进货成功！
```

图 2.7　添加商品信息界面

系统实现代码如下：

```java
import java.sql.*;
import java.util.Scanner;
import java.io.BufferedReader;
import java.io.IOException;
import java.io.InputStreamReader;
import java.sql.PreparedStatement;
import java.sql.ResultSet;
import java.sql.SQLException;
import java.sql.Statement;
// 主要代码，有 if 语句控制
public class SuperMarket {
    public static void main(String[] args) throws NumberFormatException, IOException, SQLException {
        Statement st=DaoCon.getConnection().createStatement();
        int a1=1;
```

```java
while(a1!=0){
    System.out.println("**********超市会员信息管理系统*********");
    System.out.println("会员等级分为三级");
    System.out.println(" 1.查询      2.添加      3.购买      4.进货      5 退出");
    System.out.println("请选择：");
    int i=0;
    BufferedReader br1=new BufferedReader(new InputStreamReader(System.in));
    //输入选择的操作方式
    i=Integer.parseInt(br1.readLine());
    //5.退出
    if(i==5)
        a1=0;
    //1.查询
    if(i==1) {
        System.out.println("1.会员查询      2.库存查询      3.积分查询");
        System.out.println("请选择：");
        int m=0;
        try{
    //输入选择的方式
            BufferedReader br2=new BufferedReader(new InputStreamReader (System.in));
            m=Integer.parseInt(br2.readLine());
        }catch(IOException ex){}
    //1.会员查询
    if(m==1){
        String select="select * from  会员信息";
        ResultSet rs=st.executeQuery(select);
        Wrap.Qtitle();
        while(rs.next()){
            String a=rs.getString("会员编号");
            String b=rs.getString("会员姓名");
            int c=rs.getInt("年龄");
            String d=rs.getString("性别");
            String f=rs.getString("联系方式");
            String g=rs.getString("工作单位");
            System.out.println(a+"\t"+b+"\t"+c+"\t"+d+"\t"+f+"\t"+g);
        }
    }
    //2.库存查询
    if(m==2){
        String select="select * from  库存商品";
        ResultSet rs=st.executeQuery(select);
        Wrap.Xtitle();
        while(rs.next()){
```

```java
            String a=rs.getString("商品编号");
            String b=rs.getString("商品名称");
            String c=rs.getString("种类编号");
            float d=rs.getFloat("数量");
            float e=rs.getFloat("价格");
            System.out.println(a+"\t"+b+"\t"+c+"\t"+d+"\t"+e);
        }
                }
    //3.积分查询
if(m==3){
    String select="select * from 会员积分";
    ResultSet rs=st.executeQuery(select);
    Wrap.Ctitle();
    while(rs.next()){
        String a=rs.getString("会员编号");
        String b=rs.getString("商品编号");
        float c=rs.getFloat("购买数量");
        int d=rs.getInt("会员等级");
        float e=rs.getFloat("会员积分");
        float f=rs.getFloat("应付账款");
        System.out.println(a+"\t"+b+"\t"+c+"\t"+d+"\t"+e+"\t"+f);
        }
    }
}

    //添加
    if(i==2){
        System.out.println("1.添加会员      2.添加（之前没有的）库存");
        System.out.println("请选择：");
        int m=0;
        try{
            BufferedReader br=new BufferedReader(new InputStreamReader (System.in));
            m=Integer.parseInt(br.readLine());
        }catch(IOException ex){}
        //1.添加会员
        if(m==1){
            String c1="",c2="",c4="",c5="",c6="";
            int c3=0;
            System.out.println("会员编号：");
            try{
                BufferedReader br=new BufferedReader(new InputStreamReader (System.in));
                c1=br.readLine();
            }catch(IOException ex){System.out.println("添加会员编号出错");}
            System.out.println("会员姓名：");
```

```java
        try{
            BufferedReader br=new BufferedReader(new InputStreamReader (System.in));
            c2=br.readLine();
        }catch(IOException ex){System.out.println("添加会员姓名出错");}
        System.out.println("年龄：");
        try{
            //输入整数
            Scanner read=new Scanner(System.in);
            c3=read.nextInt();
        }catch(Exception ex){System.out.println("添加会员年龄出错");}
        System.out.println("性别：");
        try{
            BufferedReader br=new BufferedReader(new InputStreamReader (System.in));
            c4=br.readLine();
        }catch(IOException ex){System.out.println("添加会员性别出错");}
        System.out.println("联系方式：");
        try{
            BufferedReader br=new BufferedReader(new InputStreamReader (System.in));
            c5=br.readLine();
        }catch(IOException ex){System.out.println("添加会员联系方式出错");}
        System.out.println("工作单位：");
        try{
            BufferedReader br=new BufferedReader(new InputStreamReader (System.in));
            c6=br.readLine();
        }catch(IOException ex){System.out.println("添加会员工作单位出错");}
        //向数据库添加会员信息
        String insert="insert into 会员信息(会员编号,姓名,年龄,性别,联系方式,工作单位)
values("'+c1+'","'+c2+'","'+c3+'","'+c4+'","'+c5+'","'+c6+'")";
DaoCon.getConnection().createStatement().executeUpdate(insert);
        String insert2="insert into 会员积分(会员编号,会员等级,会员积分)values("'+c1+'",3,0)";
DaoCon.getConnection().createStatement().executeUpdate(insert2);
        System.out.println("添加成功!");
    }
    // 2.添加库存种类
    if(m==2){
        String c1="",c2="",c3="";
        float c4=0;
        float c5=0;
        System.out.println("商品编号：");
        try{
            BufferedReader br=new BufferedReader(new InputStreamReader (System.in));
            c1=br.readLine();
        }catch(IOException ex){System.out.println("添加商品编号失败！"); }
```

```
            System.out.println("商品名称：");
            try{
               BufferedReader br=new BufferedReader(new InputStreamReader (System.in));
               c2=br.readLine();
            }catch(IOException ex){System.out.println("添加商品名称失败！"); }
            System.out.println("种类编号：");
            try{
               BufferedReader br=new BufferedReader(new InputStreamReader (System.in));
               c3=br.readLine();
            }catch(IOException ex){System.out.println("添加种类编号失败！"); }
            System.out.println("数量：");
            try{
               Scanner read2=new Scanner(System.in);
               c4=read2.nextFloat();
            }catch(Exception ex){System.out.println("添加数量失败！"); }
            System.out.println("价格：");
            try{
               Scanner read2=new Scanner(System.in);
               c5=read2.nextFloat();
            }catch(Exception ex){System.out.println("添加价格失败！"); }
            System.out.println("插入成功!");
            String insert="insert into 库存商品(商品编号,商品名称,种类编号,数量,价格)values" +
"('"+c1+"','"+c2+"','"+c3+"','"+c4+"','"+c5+"')";
        DaoCon.getConnection().createStatement().executeUpdate(insert);
            }
         }
      //购买（修改）
      if(i==3){
         System.out.println("*******会员购买商品*******   ");
         String 会员编号="";//会员编号
         String 商品编号="";//商品编号
         float 购买数量=0;//购买数量
         System.out.println("选择消费者的会员编号：");
         try{
         BufferedReader br=new BufferedReader(new InputStreamReader(System.in));
         会员编号=br.readLine();//会员编号
         }catch(IOException ex){{}
         PreparedStatement pstmt31=DaoCon.getConnection().prepareStatement("select * from 会员积分
where 会员编号=?");
         pstmt31.setString(1,会员编号);
         ResultSet rs3=pstmt31.executeQuery();
if(rs3.next()){
   System.out.println("输入购买商品的编号：");
```

```
try{
    BufferedReader br=new BufferedReader(new InputStreamReader(System.in));
    商品编号=br.readLine();
}catch(IOException ex){}
System.out.println("输入购买数量：");
try{
    BufferedReader br=new BufferedReader(new InputStreamReader(System.in));
    购买数量=Float.parseFloat(br.readLine());
    }catch(IOException ex){}
PreparedStatement pstmt3=DaoCon.getConnection().prepareStatement("Update 会员积分 set 商品
编号=?,购买数量=? where 会员编号=?");
pstmt3.setString(1,商品编号);
pstmt3.setFloat(2,购买数量);
pstmt3.setString(3,会员编号);
pstmt3.executeUpdate();
pstmt31.close();
PreparedStatement pstmt33=DaoCon.getConnection().prepareStatement("Update 库存商品 set 数量
=数量-? where 商品编号=?");
pstmt33.setFloat(1,购买数量);
pstmt33.setString(2,商品编号);
pstmt33.executeUpdate();
PreparedStatement pstmt34=DaoCon.getConnection().prepareStatement("Update 总视图 set 会员积
分=会员积分+价格*? where 商品编号=?");
pstmt34.setFloat(1,购买数量);
pstmt34.setString(2,商品编号);
pstmt34.executeUpdate();
//会员等级的变化
PreparedStatement pstmt35=DaoCon.getConnection().prepareStatement("Update 总视图 set 会员等
级=3 where 会员积分>0");
pstmt35.executeUpdate();
PreparedStatement pstmt36=DaoCon.getConnection().prepareStatement("Update 总视图 set 会员等
级=2 where 会员积分>300");
pstmt36.executeUpdate();
PreparedStatement pstmt37=DaoCon.getConnection().prepareStatement("Update 总视图 set 会员等
级=1 where 会员积分>500");
pstmt37.executeUpdate();
//本次购物，打折后应付账款
PreparedStatement pstmt38=DaoCon.getConnection().prepareStatement("Update 总视图 set 应付账
款=0.9*价格*? where 商品编号=? AND 会员等级=3");
pstmt38.setFloat(1,购买数量);
```

pstmt38.setString(2,商品编号);

pstmt38.executeUpdate();

PreparedStatement pstmt39=DaoCon.*getConnection*().prepareStatement("Update 总视图 set 应付账款=0.85*价格*? where 商品编号=? AND 会员等级=2");

pstmt39.setFloat(1,购买数量);

pstmt39.setString(2,商品编号);

pstmt39.executeUpdate();

PreparedStatement pstmt40=DaoCon.*getConnection*().prepareStatement("Update 总视图 set 应付账款=0.75*价格*? where 商品编号=? AND 会员等级=1");

pstmt40.setFloat(1,购买数量);

pstmt40.setString(2,商品编号);

pstmt40.executeUpdate();

rs3.close();

}

else

System.***out***.println("你要更改的项不存在!");

}

if(i==4){

String 商品编号="";//商品编号

float 数量=0;//进货数量

System.***out***.println("选择进货的商品编号： ");

try{

BufferedReader br=**new** BufferedReader(**new** InputStreamReader(System.***in***));

商品编号=br.readLine();

}**catch**(IOException ex){}

PreparedStatement pstmt31=DaoCon.*getConnection*().prepareStatement("select * from 库存商品 where 商品编号=?");

pstmt31.setString(1,商品编号);

ResultSet rs3=pstmt31.executeQuery();

if(rs3.next()){

System.***out***.println("输入进货数量： ");

try{

BufferedReader br=**new** BufferedReader(**new** InputStreamReader(System.***in***));

数量=Float.*parseFloat*(br.readLine());

}**catch**(IOException ex){}

pstmt31.close();

PreparedStatement pstmt3=DaoCon.*getConnection*().prepareStatement("Update 库存商品 set 数量=数量+? where 商品编号=?");

pstmt3.setFloat(1,数量);

pstmt3.setString(2,商品编号);

```
pstmt3.executeUpdate();
System.out.println("进货成功！ ");
                }
        else
        System.out.println("你要更改的项不存在！ ");
                }
            else
                System.out.println("选择出错，请重新选择！ ");
        }
    }
}
```

2.5.2　数据库连接模块

本模块主要完成数据库连接的公共操作，并返回可用的连接。具体实现如下：

```
//连接 java 和数据库
class DaoCon {
        static String driverName = "com.microsoft.sqlserver.jdbc.SQLServerDriver";
        static String dbURL = "jdbc:sqlserver://localhost:1433;DatabaseName=kcsjsjk";
        static String userName = "sa";
        static String userPwd = "123456";

        public static Connection getConnection() throws SQLException {
            Connection con = null;
            try {
                Class.forName(driverName);
                con = DriverManager.getConnection(dbURL, userName, userPwd);
            } catch (Exception e) {
                e.printStackTrace();
                con.close();
            }
            return con;
        }
    }
```

2.5.3　表头显示模块

本模块主要用于显示所有查询界面所需的公共表头，具体实现代码如下：

```
        // 用于输出显示格式
    class Wrap {
        public static void Qtitle(){
            System.out.println("会员编号"+"\t 姓名"+"\t 年龄"+"\t 性别"+"\t 联系方式"+"\t\t 工作单位
```

```
");
    }
    public static void Xtitle(){
        System.out.println("会员编号"+"\t 商品编号"+"\t 种类编号"+"\t 数量"+"\t 价格");
    }
    public static void Ctitle(){
        System.out.println("会员编号"+"\t 商品编号"+"\t 购买数量"+"\t 会员等级"+"\t 会员积分"+"\t 应付账款");
    }
}
```

2.6 拓展练习

在系统中加入促销管理模块，根据商品的基本信息、销售情况、会员信息设置商品的促销活动，可针对某个会员、某个会员级别、某类商品、某个时间段等情况进行设置。

任务三　客房管理系统

3.1　任务描述

随着宾馆酒店业竞争的加剧，宾馆之间客源的争夺越来越激烈，宾馆需要使用更有效的信息化手段，拓展经营空间，降低运营成本，提高管理和决策效率。宾馆客房管理系统亦随着宾馆管理理念的发展而发展。借助该系统，经营者可使用计算机管理自己的宾馆，提高了工作的准确度，规范了管理，并且减少了客人结账时的错误。

本任务以宾馆客房管理系统为背景，实现对宾馆的客房管理、客户信息管理和订房服务管理等功能，为宾馆提供功能直观、界面简洁、操作简单的软件系统，提高使用者的工作效率并为客户提供满意的服务。

3.2　需求分析

本系统的用户主要是各宾馆的前台服务人员、客房管理人员和计算机系统管理员，因此系统应包含以下主要功能：

1. 用户登录

登录功能是进入系统必须经过的验证过程，其主要功能是验证使用者的身份，确认使用者的权限，从而在使用软件过程中能安全地控制系统数据，即不同的工作人员有不同的权限，每个使用人员不得跨越其权限操作软件，可以避免不必要的数据丢失事件发生。

2. 系统信息管理

计算机系统管理员所需要的主要功能，包括管理系统信息，对各部门人员、权限进行管理等。

3. 客户信息管理

客户管理是对订房客户的基本资料、消费、积分、优惠政策的管理。通过信息管理，一方面确保客户资料的真实性、完整性，另一方面可以收集客户资料、维护客户关系，给宾馆带来更多的客户重复消费，实现业绩增长。客户管理主要包括客户信息的登录、维护、查询、会员等级变更等。

4. 客房信息管理

客房管理是指宾馆对自身房源进行评估与分析后，结合客户的需求，对房间的种类、定价方法、促销活动，以及客房目前状态、清洁维护工作、其他经营性指标进行全面管理，以保证在最佳的时间、将最合适的房间、按正确的价格提供给客户，同时达到既定的经济效益指标。因此需要提供对现有房间信息的修改、房间状态的变更，并做到对房间促销信息的及时维护。

5. 订房信息管理

订房管理是各宾馆、酒店的核心业务，如何方便、简洁、高效地为客户提供订房服务，是每个客房管理系统都需要解决的问题。为此，应做到及时更新信息、可快速记录反馈、简化订房及退房操作。同时还需要对全部订房情况进行监控，以确定各种房型的预订情况，以方便宾馆对房间类型、等级、优惠活动等做出及时调整。

3.3　功能结构设计

根据前述需求分析，得出系统应包含以下功能模块，如图 3.1 所示。

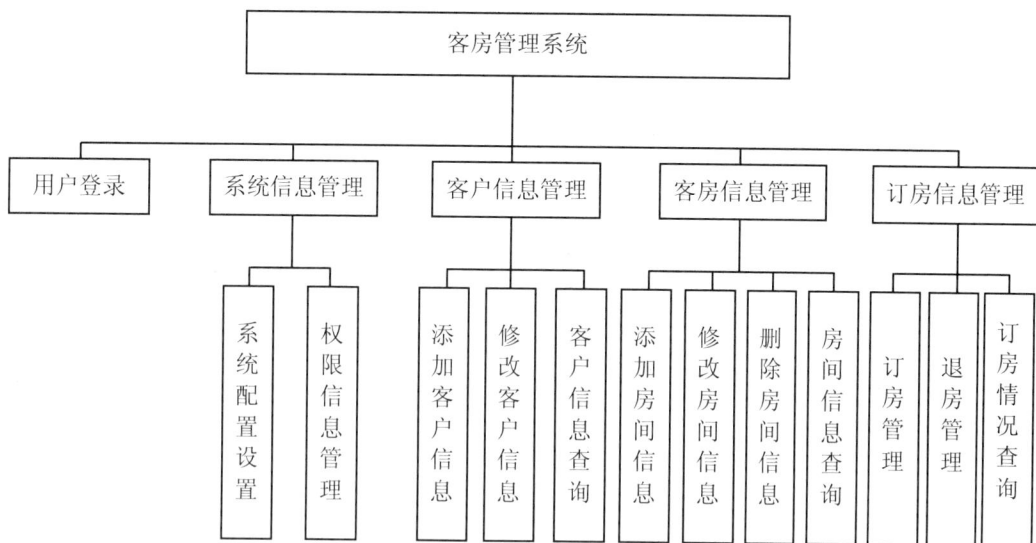

图 3.1　宾馆客房管理系统模块结构图

1. 用户登录

输入数据为员工号和密码。点击"确定"按钮后，若员工号、密码正确则根据员工部门权限提供相应管理界面，否则提示登录失败；点击"取消"按钮后退出系统。

2. 系统信息管理模块

（1）系统配置设置。

输入数据为数据库服务器地址、数据库连接用户名、数据库连接密码。点击"确定"按钮保存设置；点击"取消"按钮退出界面。

（2）权限信息管理。

通过列表显示所有员工的用户名、密码、部门等信息，提供增加、删除、修改相应信息的功能。各部门员工只能查询、管理本部门的商品和销售信息。

3. 客户信息管理模块

（1）添加客户信息。

订房时需要录入客户信息，对于新客户提供其各项信息的输入，包括姓名、性别、出生日期、身份证号、联系电话、家庭住址等。

（2）修改客户信息。

如果订房时根据身份证号查询到用户曾经登记过信息，则由宾馆服务人员对该客户信息进行确认，及时修改发生变化的内容，包括联系电话、家庭住址、会员等级等。

注意： 为尽可能多地收集客户信息，维护宾馆与客户的关系，在客房管理系统中一般不提供删除客户的功能。

（3）客户信息查询。

列表显示所有客户的基本信息，包括编号、姓名、性别、出生日期、身份证号、联系电话、家庭住址、会员等级。提供按会员等级、年龄段列表显示功能。

4. 客房信息管理模块

（1）添加房间信息。

当宾馆中设立了新的房间后，需要进行各项信息的录入，包括房号、房型、室内设备、价格、房间描述等。

（2）修改房间信息。

当处理与房间有关的业务后需要人工修改房间信息。如：房间清洁后修改清洁状态，房间需要装修维护时修改可用状态，房间类型改变后修改类别，优惠活动时修改折扣等。

（3）删除房间信息。

当某房间不再用于提供居住时，可执行删除操作，根据房间号删除对应的房间信息。

（4）房间信息查询。

列表显示所有房间的基本信息，包括房号、分类、订房状态、清洁状态、可用状态、价格、折扣。提供按分类、订房状态、清洁状态、可用状态过滤显示功能。提供按房间号模糊查询功能。

5. 订房信息管理模块

（1）订房。

客户来到宾馆登记入住时需要办理订房业务。列表显示所有已完成清洁且未被订出的可用房间。登记客户信息，或核对已存在的客户信息后，根据客户需求的房间类别为客户选择合适的房间入住。订房功能需自动添加、更新客户信息，自动修改房间状态。

（2）退房。

客户离店时需办理退房业务。显示对应房号的信息，自动根据居住时间计算总房价，完成退房业务后自动修改订房状态，并通知服务员及时清理房间。

（3）订房情况查询。

列表显示宾馆所有房间订房的明细情况，提供按照房号、房间类别、客户身份证号的精确查询功能。

3.4　数据库设计

3.4.1　E-R 图

系统主要 E-R 图如图 3.2 所示。

系统主要包含两类实体：

（1）客户：作为系统的重要实体之一，客户具有众多的属性，对于其属性的识别要严格参照功能需求，所有需要录入的信息都应仔细识别是否应作为属性添加到 E-R 图中。

（2）客房：系统中另一极为重要的实体，其属性的识别也应严格按照具体系统录入的需求进行，所有需要录入的信息都应仔细识别是否应作为属性添加到 E-R 图中。

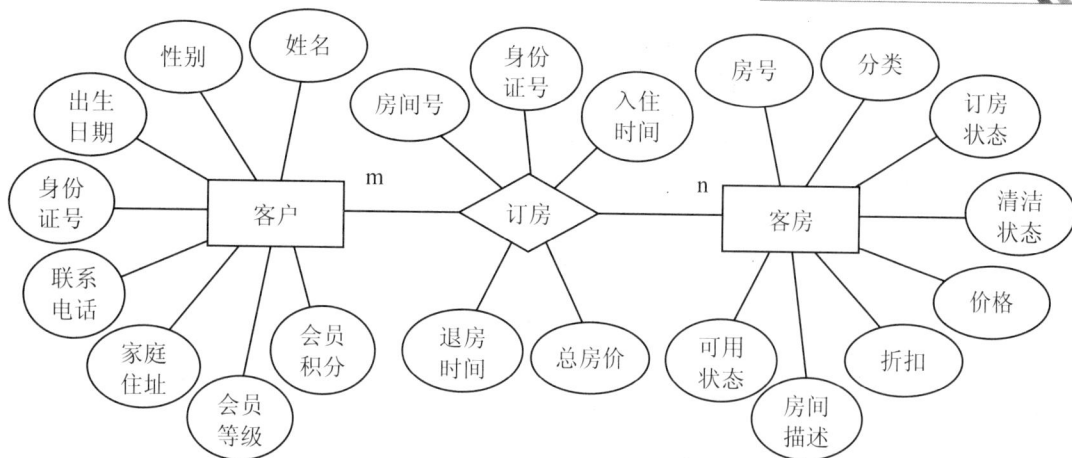

图 3.2　系统主要 E-R 图

系统中还应包含一个关系：

订房：订房是宾馆客房管理系统的核心业务，是客户与宾馆客房之间的纽带，构成了系统的基础框架。客户可以在不同时间多次预订不同客房，各个客房也可在不同时间被不同客户预订。可见，客户与客房之间存在多对多（m:n）的关系。为了拆分这种关系，在客户与客房之间添加了订房关系，客户在宾馆的一次订房行为即对应一条订房记录。由于宾馆行业的特殊性，客户在入住时需登记本人身份证信息，因此，每条身份证信息每次订房只会对应一个客房信息。即，每名客户每次订房只会预订一个房间，这是与前述超市管理系统的最大不同。

另外，系统中还包含宾馆员工实体，较为简单，只包含用户名、密码、所属部门等属性，对重要业务不产生实质影响，故不再赘述。

3.4.2　数据库表设计

根据前述 E-R 图设计出系统具有如下表结构：

客户信息表如表 3.1 所示。

表 3.1　客户信息表

编号	字段名称	数据类型	说明
1	编号	int	自增
2	姓名	varchar(20)	
3	性别	int	性别（0－男，1－女）
4	出生日期	date	
5	身份证号	varchar(20)	主键
6	联系电话	varchar(20)	
7	家庭住址	varchar(50)	
8	会员等级	varchar(10)	
9	会员积分	float	

客户信息表与客户实体相对应，包含其所有属性。会员等级也可使用 int 型数据，用整型

数表示，但需在程序中做数字与文字的转换。

需要注意的是本表中增加了编号字段并设为自增，主要目的在于在宾馆系统内部唯一标识客户。虽然居民身份证号具有唯一性，但为了维护长期的客户关系，可将客户发展为本店会员，并将该编号作为会员卡号使用。另外，在实际应用中也有使用手机号作为会员号的案例，但应提供修改会员号的功能并合理处理同号冲突，此处不属本书重点，不做赘述。

订房信息表如表 3.2 所示。

表 3.2　订房信息表

编号	字段名称	数据类型	说明
1	编号	int	自增
2	身份证号	varchar(20)	联合主键、外键
3	房间号	varchar(10)	联合主键、外键
4	入住时间	datetime	联合主键
5	退房时间	datetime	
6	总房价	float	

订房信息表与订房关系相对应，包含其所有属性。其中身份证号、房间号、入住时间字段应设为联合主键，以保持数据完整性。同时身份证号字段还作为外键与客户信息表关联，用以表示订房信息所属的客户。房间号为外键与客户信息表关联，用以表示订房信息所对应的客房。此处退房时间不作为联合主键，主要原因在于每个身份证号在同一入住时间只对应一条订房记录，而同一个客户入住某一房间后不会在不同时间退房两次以上，即，退房时间不作为对订房信息的唯一标识。由于客房的价格、折扣等信息经常会发生变动，所以使用总房价字段保存本次订房过程所含时间段内客房价格的总计，并作为历史记录保存。另外，为管理方便，订房信息表中还可添加编号字段，并设为自增。

客房信息表如表 3.3 所示。

表 3.3　客房信息表

编号	字段名称	数据类型	说明
1	编号	int	自增
2	房间号	varchar(10)	主键
3	分类	varchar(20)	
4	订房状态	int	0—已订，1—未订
5	清洁状态	int	0—已清洁，1—未清洁
6	价格	float	
7	折扣	float	
8	房间描述	varchar(500)	
9	可用状态	int	0—可用，1—不可用

客房信息表与客房实体相对应，包含其所有属性。其中房间号字段应设为主键，以保持数据完整性。分类字段用以表示房间类型，如大床房、双床房、单人房、套房、商务房等，也

可使用 int 型数据，用整型数表示，但需在程序中作数字与文字的转换。订房状态、清洁状态的可用状态只有是、否两种，宜使用 int 型数据，用整型数表示，同样应在程序中作数字与文字的转换。另外，为管理方便，客房信息表中还可添加编号字段，并设为自增。

表 3.4　员工信息表

编号	字段名称	数据类型	说明
1	用户名	varchar(20)	主键
2	密码	varchar(20)	
3	管理类别	varchar(20)	所管理商品的类别

员工信息表与员工实体相对应，包含其所有属性。其中用户名字段应设为主键，以保持数据完整性。管理类别字段也可使用 int 型数据，用整型数表示，但需在程序中做数字与文字的转换。

3.4.3　数据库构建

数据库在 SQL Server 2008 数据库环境下构建，SQL 脚本代码如下，该代码包含了表、主键、外键关系、触发器等元素。为方便读者阅读，所有表名、字段名等名称都使用了中文，读者自行练习时应将其改为英文。

```
--建表
CREATE TABLE [dbo].客户信息表](
    [编号] [int] IDENTITY(1,1) NOT NULL, --自增
    [姓名] [varchar](20) NOT NULL,
    [性别] [int] NOT NULL,
    [出生日期] [date] NOT NULL,
    [身份证号] [varchar](20) NOT NULL,
    [联系电话] [varchar](20) NOT NULL,
    [家庭住址] [varchar](50) NULL,
    [会员等级] [varchar](10) NULL,
    [会员积分] [float] NULL,
CONSTRAINT [PK_客户信息表] PRIMARY KEY CLUSTERED
(
    [身份证号] ASC
)WITH
(PAD_INDEX=OFF,STATISTICS_NORECOMPUTE=OFF,IGNORE_DUP_KEY=OFF,ALLOW_RO
W_LOCKS=ON,ALLOW_PAGE_LOCKS=ON)ON [PRIMARY]
)ON [PRIMARY]


--建表
CREATE TABLE [dbo].订房信息表](
    [编号] [int] IDENTITY(1,1) NOT NULL, --自增
    [身份证号] [varchar](20) NOT NULL,
    [房间号] [varchar](10) NOT NULL,
```

```
        [入住时间] [datetime] NOT NULL,
        [退房时间] [datetime] NOT NULL,
        [总房价] [float] NOT NULL,
CONSTRAINT [PK_销售信息表] PRIMARY KEY CLUSTERED--联合主键
(
        [身份证号] ASC
        [房间号] ASC
        [入住时间] ASC
)WITH
(PAD_INDEX=OFF,STATISTICS_NORECOMPUTE=OFF,IGNORE_DUP_KEY=OFF,ALLOW_RO
W_LOCKS=ON,ALLOW_PAGE_LOCKS=ON)ON [PRIMARY]
)ON [PRIMARY]


--建立外键关系
ALTER TABLE [dbo].[订房信息表] WITH CHECK ADD CONSTRAINT [FK_订房信息表_客户信息
表] FOREIGN KEY([身份证号])
REFERENCES [dbo].[客户信息表]([身份证号])
ALTER TABLE [dbo].[订房信息表] CHECK CONSTRAINT [FK_订房信息表_客户信息表]


ALTER TABLE [dbo].[订房信息表] WITH CHECK ADD CONSTRAINT [FK_订房信息表_客房信息
表] FOREIGN KEY([房间号])
REFERENCES [dbo].[客房信息表]([房间号])
ALTER TABLE [dbo].[订房信息表] CHECK CONSTRAINT [FK_订房信息表_客房信息表]


--建表
CREATE TABLE [dbo].[客房信息表](
        [编号] [int] IDENTITY(1,1) NOT NULL, --自增
        [房间号] [varchar](10) NOT NULL,
        [分类] [varchar](20) NOT NULL,
        [订房状态] [int] NOT NULL,
        [清洁状态] [int] NOT NULL,
        [价格] [float] NOT NULL,
        [折扣] [float] NOT NULL,
        [房间描述] [varchar](500) NOT NULL,
        [可用状态] [int] NOT NULL,
CONSTRAINT [PK_客房信息表] PRIMARY KEY CLUSTERED
(
        [编号] ASC,
)WITH
(PAD_INDEX=OFF,STATISTICS_NORECOMPUTE=OFF,IGNORE_DUP_KEY=OFF,ALLOW_RO
W_LOCKS=ON,ALLOW_PAGE_LOCKS=ON)ON [PRIMARY]
)ON [PRIMARY]
```

```
--建表
CREATE TABLE [dbo].[员工信息表](
    [用户名] [varchar](20) NOT NULL,
    [密码] [varchar](20) NOT NULL,
    [管理类别] [varchar](20) NOT NULL,
CONSTRAINT [PK_员工信息表] PRIMARY KEY CLUSTERED
(
    [用户名] ASC,
)WITH
(PAD_INDEX=OFF,STATISTICS_NORECOMPUTE=OFF,IGNORE_DUP_KEY=OFF,ALLOW_RO
W_LOCKS=ON,ALLOW_PAGE_LOCKS=ON)ON [PRIMARY]
)ON [PRIMARY]


--建立触发器，当向销售信息表中添加数据时，自动修改客户信息表中会员的积分
CREATE TRIGGER [dbo].[修改会员积分触发器]
ON [dbo].[销售信息表]
AFTER INSERT
AS
BEGIN
    SET NOCOUNT ON;
    DECLARE @编号 varchar(20)
    SELECT @编号=身份证号, @增加积分=总价
    FROM inserted
    UPDATE dbo.客户信息表
    SET 会员积分=会员积分+@增加积分
    WHERE  身份证号=@编号
END
```

3.5　关键代码示例

3.5.1　系统登录界面

系统登录界面如图 3.3 所示，用户输入用户名、密码后根据不同的权限跳转至不同的主界面。

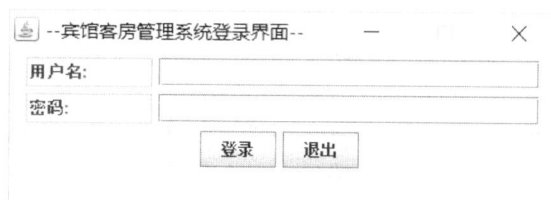

图 3.3　系统登录界面

本例中使用了 JDBC-ODBC 桥作为数据库连接方案，所以需要先在操作系统中建立 ODBC 数据源。用户登录时，根据其用户类型 Type 确定用户身份及登录后显示的界面。具体实现代

码如下：

```
import java.net.URL.*;
import javax.swing.*;
import javax.swing.ImageIcon;
import javax.swing.JLabel;
import java.sql.*;
import java.awt.Container;
import java.awt.GridLayout;
import java.awt.FlowLayout;
import javax.swing.JButton;
import javax.swing.JFrame;
import javax.swing.JTextField;
import javax.swing.JPasswordField;
import java.awt.event.ActionEvent;
import java.awt.event.ActionListener;
import java.awt.*;

public class HotelLand extends JFrame implements ActionListener {
    private boolean boo1 = false, boo2 = false;
    int Type = 0;
    public JTextField[] t = { new JTextField("用户名:", 8), new JTextField(27), new JTextField("密
码:", 8),new JPasswordField(27) };
    public JButton[] b = { new JButton("登录"), new JButton("退出") };
    ImageIcon ic = new ImageIcon(HotelLand.class.getResource("./dipaihotel.jpg"));
    JFrame app;
    Statement statement;
    public HotelLand() {
        app = new JFrame("--宾馆客房管理系统登录界面--");
        app.setDefaultCloseOperation(JFrame.EXIT_ON_CLOSE);
        app.setSize(438, 583);
        app.setResizable(false);
        Container c = app.getContentPane();
        c.setLayout(new FlowLayout());
        JLabel aLabel = new JLabel(ic, JLabel.LEFT);
        t[0].setFont(new Font("TimesRoman", Font.BOLD, 13));
        t[0].setForeground(Color.red);
        t[0].setEditable(false);
        t[2].setFont(new Font("TimesRoman", Font.BOLD, 13));
        t[2].setForeground(Color.red);
        t[2].setEditable(false);
        for (int i = 0; i< 4; i++)
            c.add(t[i]);
        c.add(b[0]);
```

```
                c.add(b[1]);
                c.add(aLabel);
                t[0].addActionListener(this);
                t[2].addActionListener(this);
                b[0].addActionListener(this);
                b[1].addActionListener(this);
                app.setVisible(true);
        }

        public void actionPerformed(ActionEvent e) {
                JButton source = (JButton) e.getSource();
                if (source == b[0]) {
                        try {
                                // 基于 SQL Server 2000 的 JDBC-ODBC 桥数据库连接(先要创建一个数据
源 lib)
                                Class.forName("sun.jdbc.odbc.JdbcOdbcDriver");
                                System.out.println("数据库驱动程序注册成功!");
                                // 使用网络登录 ID 的 Windows NT 验证(W)
                                Connection   conn   =   DriverManager.getConnection("jdbc:sqlserver://localhost:1433;
DatabaseName=宾馆客户数据库","sa", "123");
                                System.out.println(t[1].getText());
                                System.out.println(t[3].getText());
                                System.out.println("数据库连接成功!");
                                statement   =   conn.createStatement(ResultSet.TYPE_SCROLL_INSENSITIVE,
ResultSet.CONCUR_READ_ONLY);
                                String s1 = t[1].getText();
                                String s2 = t[3].getText();
                                ResultSet resultset = statement.executeQuery("select  *  from  UsersInfo  where
Name='" + s1 + "'and Password='" + s2 + "'");
                                resultset.next();
                                Type = resultset.getInt("Type");
                                if (resultset != null) {
                                        boo1 = boo2 = true;
                                        resultset.close();
                                }
                        }
                        catch (Exception e1) {
                                JOptionPane.showMessageDialog(this, "用户名和密码不正确!", "警告",
JOptionPane.WARNING_MESSAGE);
                        }

                        // 如果输入的用户名和密码都正确, 则登录
                        if (boo1&&boo2&&Type == 1) {
                                Type = 0;
```

```
                    boo1 = boo2 = true;
                    new HoteMen(statement, "普通员工--" + t[1].getText());
                    app.setVisible(false);
                }

                if (boo1&&boo2&&Type == 2) {
                    Type = 0;
                    boo1 = boo2 = true;
                    new HotelManagerMen(statement, "管理员--" + t[1].getText());
                    app.setVisible(false);
                }
            }

            // 如果单击"退出"按键，则退出登录界面
            if (source == b[1]) {
                System.exit(0);
            }
        }

        public static void main(String args[]) {
            new HotelLand();
        }
    }
```

3.5.2 系统主界面

系统主界面如图 3.4所示，在标题栏显示用户姓名及身份，用户可通过主菜单的各菜单项进入相应功能。

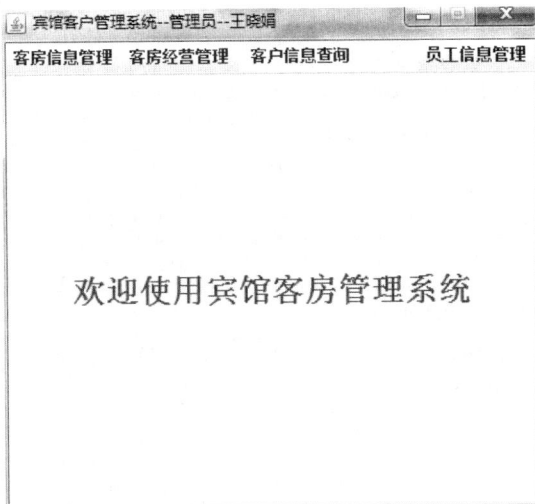

图 3.4 系统登录界面

本例中使用 CardLayout 作为基本布局管理器，所有其他界面都作为一张 Card 添加到 CardLayout 中。用户从菜单中选择某项功能时，即在界面中显示该功能对应的 Card，可切换至相应功能。具体实现代码如下：

```java
import java.awt.*;
import java.awt.event.*;
import javax.swing.*;
import java.io.*;
import java.sql.*;
public class HotelManagerMen extends JFrame implements ActionListener{
    AddRooms 基本信息录入=null;
    UseOfRooms 基本信息修改=null;
    CustomerInformation 基本信息查询=null;
    //Delete 基本信息删除=null;
    CheckRoom 客房查询=null;
    ModifyRoom 客房修改=null;
    DeleteRoom 客房删除=null;
    RoomOrderModule 宾馆订房管理=null;
    RoomCheckOut 宾馆退房管理=null;
    CheckStaff 员工查询信息管理=null;
    FrontServerAdd 员工添加信息管理=null;
    FrontServerDelete 员工删除信息管理=null;

    JMenuBar bar;
    JMenu 客房信息管理,客房经营管理,员工信息管理;
    JMenuItem 客户信息查询,录入,修改,查询,删除,客房使用,宾馆订房,宾馆退房,员工查询,员工添加,员工删除;
    Container con=null;
    Statement statement=null;

    CardLayoutcard=null;
    JLabel label=null,label0=null,label1=null;
    JPanel pCenter,pTop;
    public HotelManagerMen(Statement statement,String name){
        super("宾馆客户管理系统--"+name);
        label0=new JLabel("正在登录宾馆客房管理系统......",JLabel.CENTER);
        label0.setFont(new Font("TimesRoman",Font.BOLD,25));
        label0.setForeground(Color.red);
        card=newCardLayout();
        con=getContentPane();
        pCenter=new JPanel();
        pCenter.setLayout(card);
        pCenter.add("正在登录",label0);
        card.show(pCenter,"正在登录");
```

```
客房信息管理=new JMenu("客房信息管理");
客房经营管理=new JMenu("客房经营管理");
客户信息查询=new JMenuItem("客户信息查询");
员工信息管理=new JMenu("员工信息管理");
录入=new JMenuItem("录入房间信息");
修改=new JMenuItem("修改房间信息");
查询=new JMenuItem("查询房间信息");
删除=new JMenuItem("删除房间信息");
客房使用=new JMenuItem("客房使用情况");
宾馆订房=new JMenuItem("宾馆订房");
宾馆退房=new JMenuItem("宾馆退房");
员工查询=new JMenuItem("员工查询");
员工添加=new JMenuItem("员工添加");
员工删除=new JMenuItem("员工删除");

bar=new JMenuBar();
客房信息管理.add(录入);
客房信息管理.add(修改);
客房信息管理.add(查询);
客房信息管理.add(删除);
客房经营管理.add(客房使用);
客房经营管理.add(宾馆订房);
客房经营管理.add(宾馆退房);
员工信息管理.add(员工查询);
员工信息管理.add(员工添加);
员工信息管理.add(员工删除);

bar.add(客房信息管理);
bar.add(客房经营管理);
bar.add(客户信息查询);
bar.add(员工信息管理);
setJMenuBar(bar);
label=new JLabel("欢迎使用宾馆客房管理系统",JLabel.CENTER);
label.setFont(new Font("TimesRoman",Font.BOLD,25));
label.setForeground(Color.red);

录入.addActionListener(this);
修改.addActionListener(this);
查询.addActionListener(this);
删除.addActionListener(this);
客房使用.addActionListener(this);
宾馆订房.addActionListener(this);
宾馆退房.addActionListener(this);
员工查询.addActionListener(this);
```

```
员工添加.addActionListener(this);
员工删除.addActionListener(this);
客户信息查询.addActionListener(this);
员工信息管理.addActionListener(this);

基本信息录入=new AddRooms(statement);
基本信息修改=new UseOfRooms(statement);
基本信息查询=new CustomerInformation(statement);
客房查询=new CheckRoom(statement);
客房修改=new ModifyRoom(statement);
客房删除=new DeleteRoom(statement);
宾馆订房管理= new RoomOrderModule(statement);
宾馆退房管理= new RoomCheckOut(statement);
员工查询信息管理=new CheckStaff(statement);
员工添加信息管理=new FrontServerAdd(statement);
员工删除信息管理=new FrontServerDelete(statement);

pCenter.add("欢迎界面",label);
pCenter.add("录入界面",基本信息录入);
pCenter.add("修改界面",基本信息修改);
pCenter.add("查询界面",基本信息查询);
pCenter.add("客房查询",客房查询);
pCenter.add("客房修改",客房修改);
pCenter.add("客房删除",客房删除);
pCenter.add("宾馆订房",宾馆订房管理);
pCenter.add("宾馆退房",宾馆退房管理);
pCenter.add("员工查询",员工查询信息管理);
pCenter.add("员工添加",员工添加信息管理);
pCenter.add("员工删除",员工删除信息管理);

card.show(pCenter,"欢迎界面");
con.add(pCenter,BorderLayout.CENTER);
con.validate();
addWindowListener(new WindowAdapter(){
    public void windowClosing(WindowEvent e){
        System.exit(0);
    }
});
setVisible(true);
setBounds(100,50,420,380);
setResizable(false);
validate();
}
```

```
public void actionPerformed(ActionEvent e)
{
    if(e.getSource()==录入){
        card.show(pCenter,"录入界面");
    }
    elseif(e.getSource()==修改){
        card.show(pCenter,"客房修改");
    }
    elseif(e.getSource()==查询){
        card.show(pCenter,"客房查询");
    }
    elseif(e.getSource()==删除){
        card.show(pCenter,"客房删除");
    }
    elseif(e.getSource()==客房使用){
        card.show(pCenter,"修改界面");
    }
    elseif(e.getSource()==宾馆订房){
        card.show(pCenter,"宾馆订房");
    }
    elseif(e.getSource()==宾馆退房){
        card.show(pCenter,"宾馆退房");
    }
    elseif(e.getSource()==客户信息查询){
        card.show(pCenter,"查询界面");
    }
    elseif(e.getSource()==员工信息管理){
        card.show(pCenter,"删除界面");
    }
    elseif(e.getSource()==员工查询){
        card.show(pCenter,"员工查询");
    }
    elseif(e.getSource()==员工添加){
        card.show(pCenter,"员工添加");
    }
    elseif(e.getSource()==员工删除){
        card.show(pCenter,"员工删除");
    }
}
}
```

3.5.3 客房信息录入模块

客房信息录入模块界面如图 3.5所示。

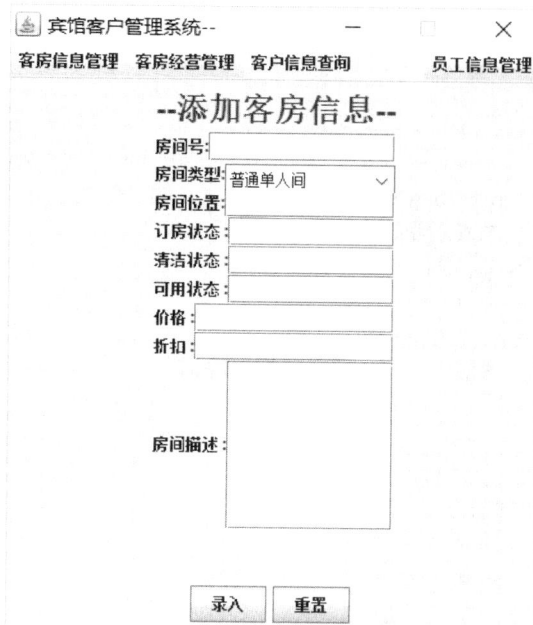

图 3.5　客房信息录入模块界面

本例中的子界面都采用盒式布局，将所有界面元素放入若干 Box 中，层叠在一起，可以使界面的对齐效果较好。具体实现代码如下：

```java
import java.awt.*;/*引用类*/
import java.awt.event.*;
import javax.swing.*;
import java.io.*;
import java.util.*;
import java.sql.*;

public class AddRooms extends JPanel implements ActionListener/* 接口，添加监听事件 */ {
    Hashtable  基本信息表  = null;
    JTextField 房间号, 房间位置;
    JTextArea  描述;
    JButton    录入, 重置;
    Choice     房间类型;
    Statement statement = null;
    JLabel  添加客房信息  = null;/* 初始化界面 */

    public AddRooms(Statement statement) {
        this.statement = statement;
        房间号  = new JTextField(10);
        房间位置  = new JTextField(10);
        描述  = new JTextArea(7, 10);/* 设置文本框大小，文本区长宽 */

        录入  = new JButton("录入");
        重置  = new JButton("重置");
```

```
录入.addActionListener(this);
重置.addActionListener(this);/*  设置按钮  */

Box box0 = Box.createHorizontalBox();
添加客房信息  = new JLabel("--添加客房信息--", JLabel.CENTER);
添加客房信息.setFont(new Font("TimesRoman", Font.BOLD, 25));
添加客房信息.setForeground(Color.red);
box0.add(添加客房信息);

Box box1 = Box.createHorizontalBox();
box1.add(new JLabel("房间号:", JLabel.CENTER));
box1.add(房间号);

房间类型  = new Choice();
房间类型.add("普通单人间");
房间类型.add("普通双人间");
房间类型.add("vip 单人间");
房间类型.add("vip 双人间");
房间类型.add("豪华贵宾间");
房间类型.add("总统套间");

Box box2 = Box.createHorizontalBox();
box2.add(new JLabel("房间类型:", JLabel.CENTER));
box2.add(房间类型);

Box box3 = Box.createHorizontalBox();
box3.add(new JLabel("房间位置:", JLabel.CENTER));
box3.add(房间位置);

Box box4 = Box.createHorizontalBox();
box4.add(new JLabel("房间描述 :", JLabel.CENTER));
box4.add(new JScrollPane(描述), BorderLayout.CENTER);

Box boxH = Box.createVerticalBox();/*  列型盒式布局的盒式容器  */
boxH.add(box0);
boxH.add(box1);
boxH.add(box2);
boxH.add(box3);
boxH.add(box4);

boxH.add(Box.createVerticalGlue());
JPanel pCenter = new JPanel();
pCenter.add(boxH);
setLayout(new BorderLayout());
add(pCenter, BorderLayout.CENTER);/*  显示布局信息  */
JPanel pSouth = new JPanel();
```

```
        pSouth.add(录入);
        pSouth.add(重置);
        add(pSouth, BorderLayout.SOUTH);
        validate();/* 显示重置和录入 */
    }

    public void actionPerformed(ActionEvent e) {
        ResultSet resultset = null;
        boolean boo = false;
        if (e.getSource() == 录入) {
            intnumber = 0;

            try {
                number = Integer.parseInt(房间号.getText().toString());
                boo = true;
            } catch (Exception e1) {
                boo = false;
            }

            if (boo&& (number> 0)) {

                try {
                    resultset = statement.executeQuery("use 宾馆客户数据库;select * from RoomsInfo where
RoomId='" + number + "'");
                    try {
                        resultset.next();
                        resultset.getInt("RoomId");
                        String warning = "该客房信息已存在,请到修改页面修改!";
                        JOptionPane.showMessageDialog(this, warning, "警告", JOptionPane.WARNING_MESSAGE);

                    } catch (Exception e1) {
                        int RoomId = Integer.parseInt(房间号.getText().toString());
                        String RCategory = 房间类型.getSelectedItem().toString();
                        String RPostion = 房间位置.getText().toString();
                        String Description = 描述.getText().toString();
                        String str = "use 宾馆客户数据库;insert into RoomsInfo values(" + RoomId + ",'" +
RCategory + "','"
                                + RPostion + "','" + Description + "')";
                        try {
                            statement.executeUpdate(str);
                            statement.executeUpdate(
                                "use 宾馆客户数据库;insert into RoomStatus values(" + RoomId + "," + 1 + ")");
                            JOptionPane.showMessageDialog(this, " 成功录入客房信息!", " 提示",
JOptionPane.WARNING_MESSAGE);
                        } catch (Exception e2) {
```

```
                String warning = "输入格式有误,请重新输入！";
                JOptionPane.showMessageDialog(this, warning, "警告", JOptionPane.WARNING_MESSAGE);
                e2.printStackTrace();
            }
            房间号.setText(null);
            房间类型.select("普通单人间");
            房间位置.setText(null);
            描述.setText(null);

        }

    } catch (Exception e1) {
        String warning = "输入格式有误,请重新输入！";
        JOptionPane.showMessageDialog(this, warning, "警告", JOptionPane.WARNING_MESSAGE);
    }

}

else {
    String warning = "必须要输入房间号！";
    JOptionPane.showMessageDialog(this, warning, "警告", JOptionPane.WARNING_MESSAGE);
}
}

if (e.getSource() == 重置) {
    房间号.setText(null);
    房间类型.select("普通单人间");
    房间位置.setText(null);
    描述.setText(null);
}
}

}
```

3.6   拓展练习

在系统中加入允许用户提前预订房间的功能，需要为已预订的顾客预留某时间段的房间，并对服务人员进行提示。同时还应考虑提前预订后又退订的情况。

任务四 学生信息管理系统

4.1 任务描述

学生信息管理系统是针对学校学生处的大量业务处理工作而开发的管理软件，主要用于学校学生信息管理，总体任务是实现学生信息关系的系统化、科学化、规范化和自动化，其主要任务是用计算机对学生各种信息进行日常管理，如查询、修改、增加、删除等，另外还考虑到学生选课，针对这些要求来设计学生信息管理系统。推行学校信息管理系统的应用是进一步推进学生学籍管理规范化、电子化、控制辍学和提高教育水平的重要举措。

本任务以学生信息管理系统为背景，进行相关系统开发。在各大中专院校，学校教务管理的主要内容包括学生的信息管理和教师排课，传统的学生信息手工管理主要包括学生档案管理、学生成绩管理。其中学生信息管理对大数据量要求较高，而教师排课系统由于需要十分专业的算法并且系统需求不断变化，因此在实际应用时，往往会遇到很大的问题，需要进一步研究，目前一般的学校管理系统都包含了学生信息管理的功能。本系统不包含教师排课管理和教师管理的详细业务，只提供学生相关信息的管理。

4.2 需求分析

本系统的用户主要是各学校的教师、学生、教务管理人员和计算机系统管理员，因此系统应包含以下主要功能：

1. 用户登录

登录功能是进入系统必须经过的验证过程，其主要功能是验证使用者的身份，确认使用者的权限，从而在使用软件过程中能安全地控制系统数据，即不同的用户有不同的权限，每个使用人员不得跨越其权限操作软件，可以避免不必要的数据丢失事件发生。

2. 系统信息管理

计算机系统管理员所需要的主要功能，包括管理系统信息，对各角色人员、权限进行管理等。

3. 学生信息管理

学生信息管理主要是教务管理人员进行新生入学的档案录入及学生在校期间对与学生个人学籍信息相关的学生档案进行修改、查询的管理。由于学生档案的数量十分庞大，这就需要系统能够提供对于学生个人、班级、专业等信息的良好组织，并为教务管理人员提供便捷的信息检索与修改方式。

4. 选课管理

选课管理是学生信息管理系统的重要业务之一，是以学生用户为主要操作者的功能。旨在通过向全体学生提供与其相关的校内课程，并允许学生根据自身情况选择其中的一门或多门进行学习。因此，系统需要提供全面的课程信息、教师信息、当前选课情况等信息，以方便学生进行全面比较、综合评估后做出选择。同时还需要提供方便快捷的课程选择方式。

5. 成绩管理

成绩管理是学生信息管理系统的又一重要业务，是以教师用户为主要操作者的功能。旨在通过向全体教师提供其所授课程、授课班级、选课学生等信息，帮助任课教师方便快捷地录入或修改其所授课程成绩。因此，系统需要提供清晰的界面列出所授课程及选课学生，并提供简洁的途径帮助教师录入、修改成绩。另外，系统还应为学生提供查询课程成绩的途径。

4.3 功能结构设计

根据前述需求分析，得出系统应包含以下功能模块，如图4.1所示。

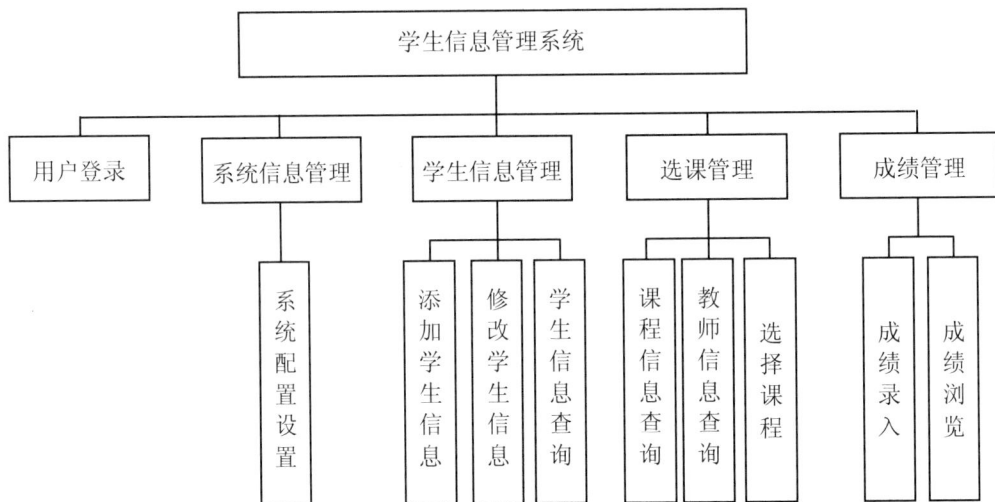

图4.1 学生信息管理系统模块结构图

1. 用户登录模块

输入数据为用户名和密码。点击"确定"按钮后，若用户名、密码正确则根据用户身份提供相应管理界面，否则提示登录失败；点击"取消"按钮后退出系统。对于教师和教务管理人员，用户名为工号；对于学生，用户名为学号。

2. 系统信息管理模块

系统配置设置，输入数据为数据库服务器地址、数据库连接用户名、数据库连接密码。点击"确定"按钮保存设置；点击"取消"按钮退出界面。

3. 学生信息管理模块

（1）添加学生信息。

新生入学时需要录入学生信息，对录取的学生提供其各项信息的输入，包括学号、姓名、性别、出生日期、专业、班级、身份证号、联系电话、家庭住址等。

（2）修改学生信息。

如果学生在校期间学籍信息发生了变动，比如：转专业、受奖惩、留级等情况，需要根据学号查询到学生信息，并由教务管理人员对相关信息进行修改。

注意：为保证教学数据的完整性和一致性，在学生信息管理系统中一般不提供删除学生的功能。即使学生退学、被开除后，信息也会保留在系统中，可在学生毕业时与正常毕业学生按同一批次统一处理。

（3）学生信息查询。

列表显示所有学生的基本信息，包括学号、姓名、性别、出生日期、专业、班级、身份证号、联系电话、家庭住址。提供按班级、专业列表显示功能。

4. 选课管理模块

（1）课程信息查询。

在学生选课时提供当前可供选择的所有课程列表，包括课程编号、课程名、开课专业、任课教师、课时量、学分、限选人数、当前已选人数等，并提供对于课程描述和任课教师信息的浏览。

（2）教师信息查询。

在学生选课时提供对所选课程教师相关信息的查询链接，以方便学生根据教师情况选择课程。提供信息包括教师编号、姓名、性别、年龄、学历、职称、专业、个人简介等。

（3）选择课程。

在学生选课界面提供选择课程功能，当学生选定某门课程时，将当前已选人数与限选人数进行对比。若人数已满，则提示学生选择其他课程，否则选定课程并将当前已选人数加 1。在此界面还应提供学生修改已选课程的功能，即学生可更改自己所选择的课程。

5. 成绩管理模块

（1）成绩录入。

每学期考试结束后，任课教师会录入所教授课程的成绩。提供该教师所教授的所有课程的列表，并为每门课程提供成绩录入入口。在每门课程的界面中列表显示所有选课学生的学号、姓名，并提供成绩录入方式。教师完成成绩录入后可对录入的数据进行保存并提交。

（2）成绩浏览。

教师完成成绩录入并提交后，可浏览所有课程、学生的成绩，并提供按学号、成绩排序功能。

注意：成绩录入并提交后一般不允许随意更改，因此成绩管理模块中不提供修改功能。若存在录入错误等问题必须要更改时，应通过教务管理人员统一处理。

4.4　数据库设计

4.4.1　E-R 图

系统主要 E-R 图如图 4.2所示。

系统主要包含三类实体：

（1）学生：作为系统的核心实体之一，学生具有众多的属性，对于其属性的识别要严格参照功能需求，所有需要录入的信息都应仔细识别是否应作为属性添加到 E-R 图中。值得注意的是班级和专业这两个属性也可以作为实体单独存在，本系统仅限于学生个人信息及选课功能，故在此处被用作属性。

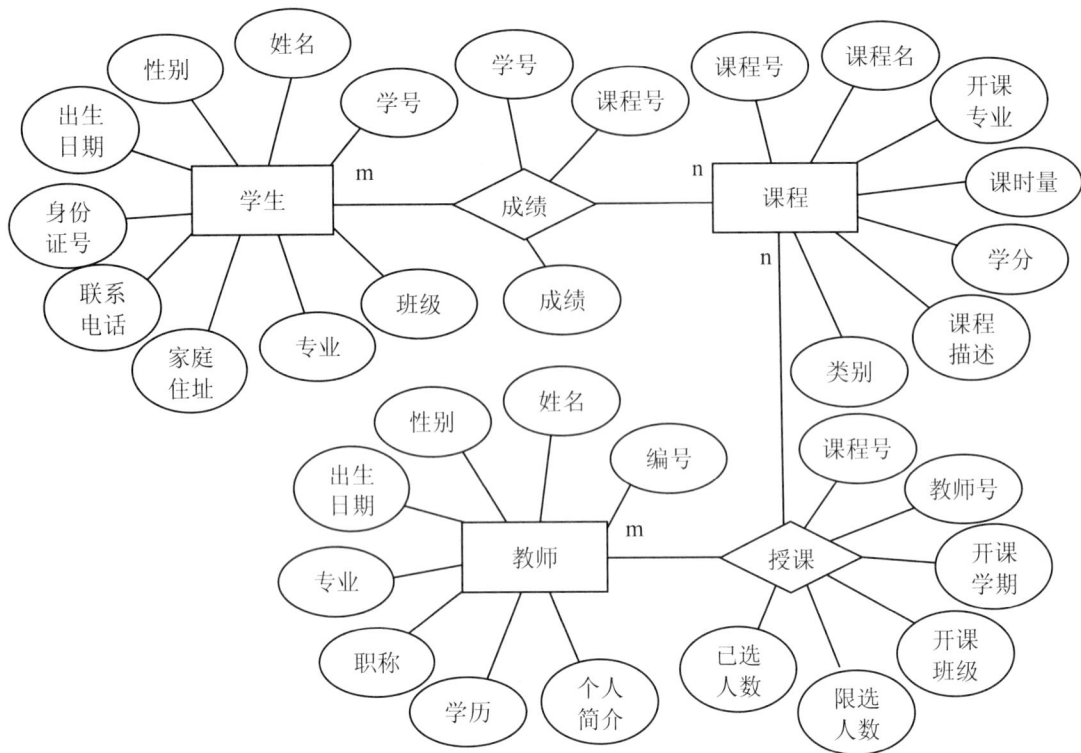

图 4.2   系统主要 E-R 图

（2）教师：系统中另一极为重要的实体，其属性的识别也应严格按照具体系统录入的需求进行，所有需要录入的信息都应仔细识别是否应作为属性添加到 E-R 图中。需注意专业属性，在包含教师管理的系统中也是作为单独实体存在的。

（3）课程：在学生信息管理系统中，课程作为教师与学生的纽带，起着非常重要的作用，但课程与教师和学生都是多对多（m:n）的关系，需要进行拆分。

系统中应包含两个关系：

（1）成绩：学生与课程之间存在多对多的关系，即每名学生可以学习多门课程，每门课程可以被多个学生学习。因此通过成绩进行拆分，即每名学生对每门课程的一次学习情况作为一条记录，其学习成果由成绩表示。

（2）授课：教师与课程之间也存在多对多的关系，即每位教师可以教授多门课程，每门课程可以被多位教师教授。因此通过授课关系进行拆分，即每位教师对每个班级的一次授课情况作为一条记录。

另外，系统中还包含教务管理员实体，较为简单，只包含用户名、密码、所属部门等属性，对重要业务不产生实质影响，故不再赘述。

4.4.2   数据库表设计

根据前述 E-R 图设计出系统具有如下表结构：
学生信息表如表 4.1 所示。

表 4.1　学生信息表

编号	字段名称	数据类型	说明
1	学号	varchar(20)	主键
2	姓名	varchar(20)	
3	性别	int	性别（0—男，1—女）
4	出生日期	date	
5	身份证号	varchar(20)	
6	联系电话	varchar(20)	
7	家庭住址	varchar(50)	
8	专业	varchar(20)	
9	班级	varchar(10)	

　　学生信息表与学生实体相对应，包含其所有属性。学号字段为主键以保持数据完整性，但注意其数据类型应为 varchar 而不是 int，主要原因在于该字段的各位上的数字或字母通常带有特定含义，如标识专业、班级、入学年份等。在需要对学生专业和班级进行管理的系统中，专业和班级字段常作为外键与相关表进行关联，本系统无此功能，故不再赘述。

　　成绩信息表如表 4.2 所示。

表 4.2　成绩信息表

编号	字段名称	数据类型	说明
1	编号	int	自增
2	学号	varchar(20)	联合主键、外键
3	课程号	varchar(10)	联合主键、外键
4	成绩	int	

　　成绩信息表与成绩关系相对应，包含其所有属性。其中学号、课程号字段应设为联合主键，以保持数据完整性。同时学号字段还作为外键与学生信息表关联，用以表示成绩信息所属的学生。课程号为外键与课程信息表关联，用以表示成绩信息所对应的课程。另外，为管理方便，成绩信息表中还可添加编号字段，并设为自增。

　　另外需注意的是，本系统只考虑学生单次学习课程的成绩情况，若存在重修时一般有两种处理方法。一是使用重修成绩覆盖原始成绩，二是在成绩关系中加入时间属性，用以记录学生获得该次成绩的时间。有兴趣的读者可以尝试实现此功能。

　　课程信息表如表 4.3 所示。

表 4.3　课程信息表

编号	字段名称	数据类型	说明
1	课程号	varchar(10)	主键
2	课程名	varchar(30)	
3	类别	varchar(10)	

编号	字段名称	数据类型	说明
4	开课专业	varchar(20)	
5	课时量	int	
6	学分	int	
7	课程描述	varchar(500)	

　　课程信息表与课程实体相对应，包含其所有属性。其中课程号字段应设为主键，以保持数据完整性，但注意其数据类型应为 varchar 而不是 int，主要原因在于该字段各位上的数字或字母通常带有特定含义，如标识开课专业、课程类别等。类别字段用以表示课程类型，如必修课、基础课、选修课等，也可使用 int 型数据，用整型数表示，但需在程序中作数字与文字的转换。在需要对开课专业进行管理的系统中，开课专业字段常作为外键与相关表进行关联，本系统无此功能，故不再赘述。

　　授课信息表如表 4.4 所述。

表 4.4　授课信息表

编号	字段名称	数据类型	说明
1	编号	int	自增
2	教师号	varchar(10)	联合主键、外键
3	课程号	varchar(10)	联合主键、外键
4	开课班级	varchar(10)	联合主键
5	开课学期	varchar(10)	
6	限选人数	int	
7	已选人数	int	

　　授课信息表与授课关系相对应，包含其所有属性。其中教师号、课程号、开课班级字段应设为联合主键，以保持数据完整性。同时教师号字段还作为外键与教师信息表关联，用以表示授课信息所属的教师。课程号为外键与课程信息表关联，用以表示授课信息所对应的课程。同一位教师可能会为不同班级上同一门课，因此开课班级也应设为联合主键。另外，为管理方便，成绩信息表中还可添加编号字段，并设为自增。

　　教师信息表如表 4.5 所示。

表 4.5　教师信息表

编号	字段名称	数据类型	说明
1	教师号	varchar(10)	主键
2	姓名	varchar(20)	
3	性别	int	性别（0—男，1—女）
4	出生日期	date	
5	专业	varchar(20)	

续表

编号	字段名称	数据类型	说明
6	职称	varchar(10)	
7	学历	varchar(10)	
8	个人简介	varchar(500)	

　　教师信息表与教师实体相对应，包含其所有属性。其中教师号字段应设为主键，以保持数据完整性，但注意其数据类型应为 varchar 而不是 int，主要原因在于该字段各位上的数字或字母通常带有特定含义，如标识专业、员工类别等。在需要对专业进行管理的系统中，专业字段常作为外键与相关表进行关联，本系统无此功能，故不再赘述。

　　员工信息表如表 4.6 所示。

表 4.6 员工信息表

编号	字段名称	数据类型	说明
1	用户名	varchar(20)	主键
2	密码	varchar(20)	
3	员工类别	varchar(20)	所属部门的类别

　　员工信息表与员工实体相对应，包含其所有属性。其中用户名字段应设为主键，以保持数据完整性。员工类别字段也可使用 int 型数据，用整型数表示，但需在程序中做数字与文字的转换。

4.4.3 数据库构建

　　数据库在 SQL Server 2008 数据库环境下构建，SQL 脚本代码如下，该代码包含了表、主键、外键关系、触发器等元素。为方便读者阅读，所有表名、字段名等名称都使用了中文，读者自行练习时应将其改为英文。

```
--建表
CREATE TABLE [dbo].[学生信息表](
    [学号] [varchar](20) NOT NULL,
    [姓名] [varchar](20) NOT NULL,
    [性别] [int] NOT NULL,
    [出生日期] [date] NOT NULL,
    [身份证号] [varchar](20) NOT NULL,
    [联系电话] [varchar](20) NOT NULL,
    [家庭住址] [varchar](50) NULL,
    [专业] [varchar](20) NULL,
    [班级] [varchar](10) NULL,
CONSTRAINT [PK_学生信息表] PRIMARY KEY CLUSTERED
(
    [学号] ASC
)WITH
```

```
(PAD_INDEX=OFF,STATISTICS_NORECOMPUTE=OFF,IGNORE_DUP_KEY=OFF,ALLOW_RO
W_LOCKS=ON,ALLOW_PAGE_LOCKS=ON)ON [PRIMARY]
)ON [PRIMARY]


--建表
CREATE TABLE [dbo].[成绩信息表](
    [编号] [int] IDENTITY(1,1) NOT NULL, --自增
    [学号] [varchar](20) NOT NULL,
    [课程号] [varchar](10) NOT NULL,
    [成绩] [int] NULL,
CONSTRAINT [PK_成绩信息表] PRIMARY KEY CLUSTERED--联合主键
(
    [学号] ASC
    [课程号] ASC
)WITH
(PAD_INDEX=OFF,STATISTICS_NORECOMPUTE=OFF,IGNORE_DUP_KEY=OFF,ALLOW_RO
W_LOCKS=ON,ALLOW_PAGE_LOCKS=ON)ON [PRIMARY]
)ON [PRIMARY]


--建立外键关系
ALTER TABLE [dbo].[成绩信息表] WITH CHECK ADD CONSTRAINT [FK_成绩信息
表] FOREIGN KEY([学号])
REFERENCES [dbo].[学生信息表]([学号])
ALTER TABLE [dbo].[成绩信息表] CHECK CONSTRAINT [FK_成绩信息表_学生信息表]


ALTER TABLE [dbo].[成绩信息表] WITH CHECK ADD CONSTRAINT [FK_成绩信息
表] FOREIGN KEY([课程号])
REFERENCES [dbo].[课程信息表]([课程号])
ALTER TABLE [dbo].[成绩信息表] CHECK CONSTRAINT [FK_成绩信息表_课程信息表]


--建表
CREATE TABLE [dbo].[课程信息表](
    [课程号] [varchar](10) NOT NULL,
    [课程名] [varchar](30) NOT NULL,
    [类别] [varchar](10) NOT NULL,
    [开课专业] [varchar](20) NOT NULL,
    [课时量] [int] NOT NULL,
    [学分] [int] NOT NULL,
    [课程描述] [varchar](500) NOT NULL,
CONSTRAINT [PK_课程信息表] PRIMARY KEY CLUSTERED
(
    [课程号] ASC,
)WITH
```

(PAD_INDEX=OFF,STATISTICS_NORECOMPUTE=OFF,IGNORE_DUP_KEY=OFF,ALLOW_RO
W_LOCKS=ON,ALLOW_PAGE_LOCKS=ON)ON [PRIMARY]
)ON [PRIMARY]

--建表
CREATE TABLE [dbo].[授课信息表](
    [编号] [int] IDENTITY(1,1) NOT NULL, --自增
    [教师号] [varchar](20) NOT NULL,
    [课程号] [varchar](10) NOT NULL,
    [开课班级] [varchar](10) NOT NULL,
    [开课学期] [varchar](10) NOT NULL,
    [限选人数] [int] NOT NULL,
    [已选人数] [int] NOT NULL,
CONSTRAINT [PK_授课信息表] PRIMARY KEY CLUSTERED--联合主键
(
    [教师号] ASC,
    [课程号] ASC,
    [开课班级] ASC
)WITH
(PAD_INDEX=OFF,STATISTICS_NORECOMPUTE=OFF,IGNORE_DUP_KEY=OFF,ALLOW_RO
W_LOCKS=ON,ALLOW_PAGE_LOCKS=ON)ON [PRIMARY]
)ON [PRIMARY]

--建立外键关系
ALTER TABLE [dbo].[授课信息表] WITH CHECK ADD CONSTRAINT [FK_授课信息表_教师信息
表] FOREIGN KEY([教师号])
REFERENCES [dbo].[教师信息表]([教师号])
ALTER TABLE [dbo].[授课信息表] CHECK CONSTRAINT [FK_授课信息表_教师信息表]

ALTER TABLE [dbo].[授课信息表] WITH CHECK ADD CONSTRAINT [FK_授课信息表_课程信息
表] FOREIGN KEY([课程号])
REFERENCES [dbo].[课程信息表]([课程号])
ALTER TABLE [dbo].[授课信息表] CHECK CONSTRAINT [FK_授课信息表_课程信息表]

--建表
CREATE TABLE [dbo].[教师信息表](
    [教师号] [varchar](10) NOT NULL,
    [姓名] [varchar](20) NOT NULL,
    [性别] [int] NOT NULL,
    [出生日期] [date] NOT NULL,
    [专业] [varchar](20) NOT NULL,
    [职称] [varchar](10) NOT NULL,
    [学历] [varchar](10) NOT NULL,

```
        [个人简介] [varchar](500) NOT NULL,
    CONSTRAINT [PK_教师信息表] PRIMARY KEY CLUSTERED
    (
        [教师号] ASC,
    )WITH
    (PAD_INDEX=OFF,STATISTICS_NORECOMPUTE=OFF,IGNORE_DUP_KEY=OFF,ALLOW_RO
    W_LOCKS=ON,ALLOW_PAGE_LOCKS=ON)ON [PRIMARY]
    )ON [PRIMARY]


    --建表
    CREATE TABLE [dbo].[员工信息表](
        [用户名] [varchar](20) NOT NULL,
        [密码] [varchar](20) NOT NULL,
        [员工类别] [varchar](20) NOT NULL,
    CONSTRAINT [PK_员工信息表] PRIMARY KEY CLUSTERED
    (
        [用户名] ASC,
    )WITH
    (PAD_INDEX=OFF,STATISTICS_NORECOMPUTE=OFF,IGNORE_DUP_KEY=OFF,ALLOW_RO
    W_LOCKS=ON,ALLOW_PAGE_LOCKS=ON)ON [PRIMARY]
    )ON [PRIMARY]


    --建立触发器，当删除教师时，自动删除其授课记录
    CREATE TRIGGER [dbo].[删除授课记录触发器]
    ON [dbo].[授课信息表]
    AFTER DELETE
    AS
    BEGIN
        SET NOCOUNT ON;
        DECLARE @教师号 [varchar](20)
        SELECT @教师号=教师号
        FROM deleted
        DELETE FROM dbo.授课信息表
        WHERE 教师号=@教师号
    END
```

4.5　关键代码示例

4.5.1　系统主界面

　　登录成功后进入系统主界面，在此界面中通过点击菜单中的菜单项可进入系统的相应功能。所有功能都以子窗口的形式展现，如图 4.3 所示。

图 4.3　系统主界面

核心代码如下：

```
contentPane = (JPanel) this.getContentPane();
    contentPane.setLayout(null);
    this.setResizable(false);
    this.setTitle("学生管理系统");
    jMenuFile.setFont(new java.awt.Font("Dialog", 0, 15));
    jMenuFile.setForeground(Color.black);
    jMenuFile.setText("系统");
    jMenuHelp.setFont(new java.awt.Font("Dialog", 0, 15));
    jMenuHelp.setText("帮助");
    jMenuHelpAbout.setFont(new java.awt.Font("Dialog", 0, 15));
    jMenuHelpAbout.setText("关于");
    jMenuHelpAbout.addActionListener(new mainFrame_jMenuHelpAbout_ActionAdapter(this));
    adduser.setFont(new java.awt.Font("Dialog", 0, 15));
    adduser.setText("添加用户");
    adduser.addActionListener(new mainFrame_adduser_actionAdapter(this));
    xjgl.setFont(new java.awt.Font("Dialog", 0, 15));
    xjgl.setText("学籍管理");
    xjgl.addActionListener(new mainFrame_xjgl_actionAdapter(this));
    bjgl.setFont(new java.awt.Font("Dialog", 0, 15));
    bjgl.setText("班级管理");
    kcsz.setFont(new java.awt.Font("Dialog", 0, 15));
    kcsz.setText("课程设置");
    cjgl.setFont(new java.awt.Font("Dialog", 0, 15));
    cjgl.setText("成绩管理");
```

```
            tjcj.setFont(new java.awt.Font("Dialog", 0, 15));
            tjcj.setText("添加成绩信息");
            tjcj.addActionListener(new mainFrame_tjcj_actionAdapter(this));
            tjxj.setFont(new java.awt.Font("Dialog", 0, 15));
            tjxj.setForeground(Color.black);
            tjxj.setText("添加学籍信息");
            tjxj.addActionListener(new mainFrame_tjxj_actionAdapter(this));
            xgxj.setFont(new java.awt.Font("Dialog", 0, 15));
            xgxj.setText("修改学籍信息");
            xgxj.addActionListener(new mainFrame_xgxj_actionAdapter(this));
            cxxj.setFont(new java.awt.Font("Dialog", 0, 15));
            cxxj.setText("查询学籍信息");
            cxxj.addActionListener(new mainFrame_cxxj_actionAdapter(this));
            tjbj.setFont(new java.awt.Font("Dialog", 0, 15));
            tjbj.setText("添加班级信息");
            tjbj.addActionListener(new mainFrame_tjbj_actionAdapter(this));
            xgbj.setFont(new java.awt.Font("Dialog", 0, 15));
            xgbj.setText("修改班级信息");
            xgbj.addActionListener(new mainFrame_xgbj_actionAdapter(this));
            tjkc.setFont(new java.awt.Font("Dialog", 0, 15));
            tjkc.setText("添加课程信息");
            tjkc.addActionListener(new mainFrame_tjkc_actionAdapter(this));
            xgkc.setFont(new java.awt.Font("Dialog", 0, 15));
            xgkc.setText("修改课程信息");
            xgkc.addActionListener(new mainFrame_xgkc_actionAdapter(this));
            sznj.setFont(new java.awt.Font("Dialog", 0, 15));
            sznj.setText("设置年级课程");
            sznj.addActionListener(new mainFrame_sznj_actionAdapter(this));
            jLabel1.setText("");
            jLabel1.setBounds(new Rectangle(1, 0, 800, 603));
            xgcj.setFont(new java.awt.Font("Dialog", 0, 15));
            xgcj.setText("修改成绩信息");
            xgcj.addActionListener(new mainFrame_xgcj_actionAdapter(this));
            cxcj.setFont(new java.awt.Font("Dialog", 0, 15));
            cxcj.setText("查询成绩信息");
            cxcj.addActionListener(new mainFrame_cxcj_actionAdapter(this));
            exit.setFont(new java.awt.Font("Dialog", 0, 15));
        exit.setText("退出");
```

上述代码用于设置系统的菜单，通过 setText 方法将所有功能的名称添加到系统的菜单项中。然后为所有菜单项设置监听器，监听鼠标的点击动作。捕获鼠标动作后跳转到事件处理方法，根据点击情况显示相关功能界面。事件处理方法示例代码如下：

```
            void jMenuItem1_actionPerformed(ActionEvent e) {
                new xiugaimima();
```

```
}

    void xgkc_actionPerformed(ActionEvent e) {
        new xgkcxx();
    }

    void sznj_actionPerformed(ActionEvent e) {
        new sznjkc();
    }

    void tjcj_actionPerformed(ActionEvent e) {
        new addresult();
    }

    void xgcj_actionPerformed(ActionEvent e) {
        new xgcj();
    }

    void cxcj_actionPerformed(ActionEvent e) {
        new sacnresult();
    }
}
```

4.5.2　学生信息管理模块

本模块主要用于管理学生的学籍信息，包括学籍信息的添加、查询、修改、删除等功能。添加学籍信息是数据录入的过程，将所有学生信息逐条插入到数据库中。添加学籍信息界面如图 4.4 所示，其实现代码如下：

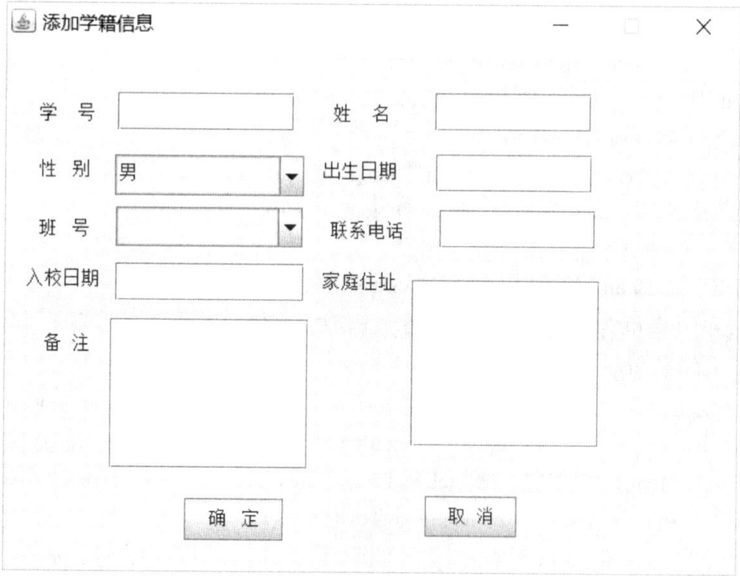

图 4.4　添加学籍信息界面

```
jLabel1.setFont(new java.awt.Font("Dialog", 0, 15));
jLabel1.setText("学    号");
jLabel1.setBounds(new Rectangle(26, 34, 58, 44));
this.setForeground(Color.black);
this.setResizable(false);
this.setState(Frame.NORMAL);
this.setTitle("添加学籍信息");
this.getContentPane().setLayout(null);
xh.setFont(new java.awt.Font("Dialog", 0, 15));
xh.setText("");
xh.setBounds(new Rectangle(90, 39, 143, 30));
jLabel2.setBounds(new Rectangle(26, 78, 58, 44));
jLabel2.setText("性    别");
jLabel2.setFont(new java.awt.Font("Dialog", 0, 15));
jLabel3.setFont(new java.awt.Font("Dialog", 0, 15));
jLabel3.setText("班    号");
jLabel3.setBounds(new Rectangle(26, 125, 58, 44));
jLabel4.setBounds(new Rectangle(16, 164, 65, 44));
jLabel4.setText("入校日期");
jLabel4.setFont(new java.awt.Font("Dialog", 0, 15));
jLabel5.setBounds(new Rectangle(31, 215, 58, 44));
jLabel5.setText("备    注");
jLabel5.setFont(new java.awt.Font("Dialog", 0, 15));
jLabel6.setBounds(new Rectangle(264, 33, 58, 44));
jLabel6.setText("姓    名");
jLabel6.setFont(new java.awt.Font("Dialog", 0, 15));
jLabel7.setFont(new java.awt.Font("Dialog", 0, 15));
jLabel7.setText("出生日期");
jLabel7.setBounds(new Rectangle(256, 78, 65, 44));
jLabel8.setBounds(new Rectangle(262, 125, 65, 44));
jLabel8.setText("联系电话");
jLabel8.setFont(new java.awt.Font("Dialog", 0, 15));
jLabel9.setFont(new java.awt.Font("Dialog", 0, 15));
jLabel9.setText("家庭住址");
jLabel9.setBounds(new Rectangle(256, 165, 65, 44));
```

使用文本框和组合框作为基本的用户输入方法，用户输入全部信息后点击"确定"按钮执行如下代码所示的数据插入操作：

```
ps.executeUpdate("Insert    Into    student    Values('" + xh.getText().trim() + "','" +
xm.getText().trim()+ "','" + sex.getSelectedItem().toString() + "','" + rq.getText().trim() + "','"+
bh.getSelectedItem() + "','" + tel.getText().trim() + "','" + rxrq.getText().trim() + "','"+
address.getText().trim() + "','" + comment.getText().trim() + "')");
```

在浏览学籍信息界面可显示所有已录入的学生信息，可按照学号、姓名、班级号查找。浏览学籍信息界面如图 4.5 所示，实现代码如下：

学号	姓名	性别	出生日期	班号	联系电话	入校日期	家庭住址	备注

○ 按学号　○ 按姓名　○ 按班号　　　［　　　　］　　　确　定　　　取　消

图 4.5　浏览学籍信息界面

this.setLocale(java.util.Locale.*getDefault*());

this.getContentPane().setLayout(**null**);

jScrollPane1.setBounds(**new** Rectangle(6, 0, 780, 400));

ok.setToolTipText("直接点击确定，可查询全部学生信息");

cancel.setBounds(**new** Rectangle(578, 412, 85, 30));

cancel.setFont(**new** java.awt.Font("Dialog", 0, 15));

cancel.setText("取　消");

cancel.addActionListener(**new** cxxj_cancel_actionAdapter(**this**));

ok.setBounds(**new** Rectangle(465, 412, 85, 34));

ok.setFont(**new** java.awt.Font("Dialog", 0, 15));

ok.setText("确　定");

ok.addActionListener(**new** cxxj_ok_actionAdapter(**this**));

input.setFont(**new** java.awt.Font("Dialog", 0, 15));

input.setText("");

input.setBounds(**new** Rectangle(291, 410, 124, 31));

xh.setFont(**new** java.awt.Font("Dialog", 0, 15));

xh.setRolloverEnabled(**false**);

xh.setText("按学号");

xh.setBounds(**new** Rectangle(20, 417, 74, 34));

xm.setBounds(**new** Rectangle(95, 417, 74, 34));

xm.setText("按姓名");

xm.setRolloverEnabled(**false**);

xm.setFont(**new** java.awt.Font("Dialog", 0, 15));

bh.setBounds(**new** Rectangle(174, 418, 74, 34));

bh.setText("按班号");

```
bh.setRolloverEnabled(false);
bh.setFont(new java.awt.Font("Dialog", 0, 15));
this.getContentPane().add(jScrollPane1, null);
this.getContentPane().add(input, null);
this.getContentPane().add(ok, null);
this.getContentPane().add(cancel, null);
this.getContentPane().add(bh, null);
this.getContentPane().add(xm, null);
this.getContentPane().add(xh, null);
jScrollPane1.getViewport().add(jTable1, null);
this.setBounds(100, 100, 800, 500);
this.setVisible(true);
buttonGroup2.add(xh);
buttonGroup2.add(bh);
buttonGroup2.add(xm);
```

使用表格作为基本的数据显示方式，通过单选按钮选择查询类别，通过文本框输入查询条件，点击"确定"按钮后显示查询结果。根据查询类别不同，其 SQL 语句为：

```
if (xh.isSelected()) {
    rs = ps.executeQuery("select * from student where student_ID='" + input.getText().trim() +
"'");
} elseif (xm.isSelected()) {
    rs = ps.executeQuery("select * from student where student_Name='" + input.getText().trim()
+ "'");
} elseif (bh.isSelected()) {
    rs = ps.executeQuery("select * from student where class_NO='" + input.getText().trim() +
"'");
} else
    rs = ps.executeQuery("select * from student");
```

```
while (rs.next()) {
    rowData[i][0] = rs.getString("student_ID");
    rowData[i][1] = rs.getString("student_Name");
    rowData[i][2] = rs.getString("student_Sex");
    rowData[i][3] = rs.getString("born_Date").substring(0, 10);
    rowData[i][4] = rs.getString("class_NO");
    rowData[i][5] = rs.getString("tele_Number");
    rowData[i][6] = rs.getString("ru_Date").substring(0, 10);
    rowData[i][7] = rs.getString("address");
    rowData[i][8] = rs.getString("comment");
    i = i + 1;
}
```

修改学籍信息界面与添加学籍信息界面类似，但增加了逐条查看学籍信息的按钮，同时还可以修改、删除当前记录。修改学籍信息界面如图 4.6 所示，实现代码如下：

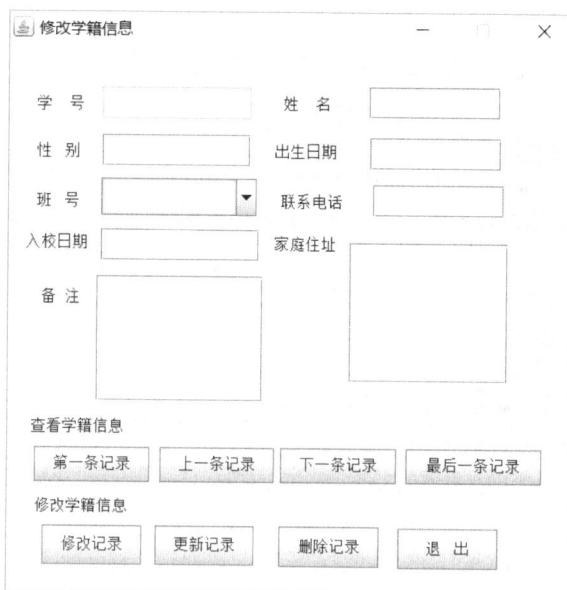

图 4.6 修改学籍信息界面

jLabel1.setFont(**new** java.awt.Font("Dialog", 0, 15));

jLabel1.setText("学　　号");

jLabel1.setBounds(**new** Rectangle(26, 34, 58, 44));

this.setForeground(Color.***black***);

this.setResizable(**false**);

this.setState(Frame.***NORMAL***);

this.setTitle("修改学籍信息");

this.getContentPane().setLayout(**null**);

xh.setBackground(Color.***white***);

xh.setFont(**new** java.awt.Font("Dialog", 0, 15));

xh.setEditable(**false**);

xh.setText("");

xh.setBounds(**new** Rectangle(90, 39, 143, 30));

jLabel2.setBounds(**new** Rectangle(26, 78, 58, 44));

jLabel2.setText("性　　别");

jLabel2.setFont(**new** java.awt.Font("Dialog", 0, 15));

jLabel3.setFont(**new** java.awt.Font("Dialog", 0, 15));

jLabel3.setText("班　　号");

jLabel3.setBounds(**new** Rectangle(26, 125, 58, 44));

jLabel4.setBounds(**new** Rectangle(16, 164, 65, 44));

jLabel4.setText("入校日期");

jLabel4.setFont(**new** java.awt.Font("Dialog", 0, 15));

jLabel5.setBounds(**new** Rectangle(31, 215, 58, 44));

jLabel5.setText("备　　注");

jLabel5.setFont(**new** java.awt.Font("Dialog", 0, 15));

jLabel6.setBounds(**new** Rectangle(264, 33, 58, 44));

```
jLabel6.setText("姓    名");
jLabel6.setFont(new java.awt.Font("Dialog", 0, 15));
jLabel7.setFont(new java.awt.Font("Dialog", 0, 15));
jLabel7.setText("出生日期");
jLabel7.setBounds(new Rectangle(256, 78, 65, 44));
jLabel8.setBounds(new Rectangle(262, 125, 65, 44));
jLabel8.setText("联系电话");
jLabel8.setFont(new java.awt.Font("Dialog", 0, 15));
jLabel9.setFont(new java.awt.Font("Dialog", 0, 15));
jLabel9.setText("家庭住址");
jLabel9.setBounds(new Rectangle(256, 165, 65, 44));
```

用户在文本框内完成信息修改后，点击"修改记录"按钮可执行对当前记录的更新语句。

```
ps.executeUpdate("update student set student_Name='" + xm.getText().trim() + "',student_Sex='"+
sex.getText().trim() + "',born_Date='" + rq.getText().trim() + "',class_NO='"+ bh.getSelectedItem() +
"',tele_Number='" + tel.getText().trim() + "',ru_Date='"+ rxrq.getText().trim() + "',address='" +
address.getText().trim() + "',comment='"+ comment.getText().trim() + "'where student_ID='" +
xh.getText().trim() + "'");
```

点击"删除记录"按钮可对当前记录执行删除语句。

```
ps.executeUpdate("delete from student where student_ID='" + xh.getText().trim() + "'");
```

4.5.3 选课管理模块

选课管理模块主要包括管理员对课程信息的录入与修改，学生对课程的选择与退选。本模块采用表格显示所有课程，文本框作为输入信息的主要途径。课程信息修改界面如图4.7所示。

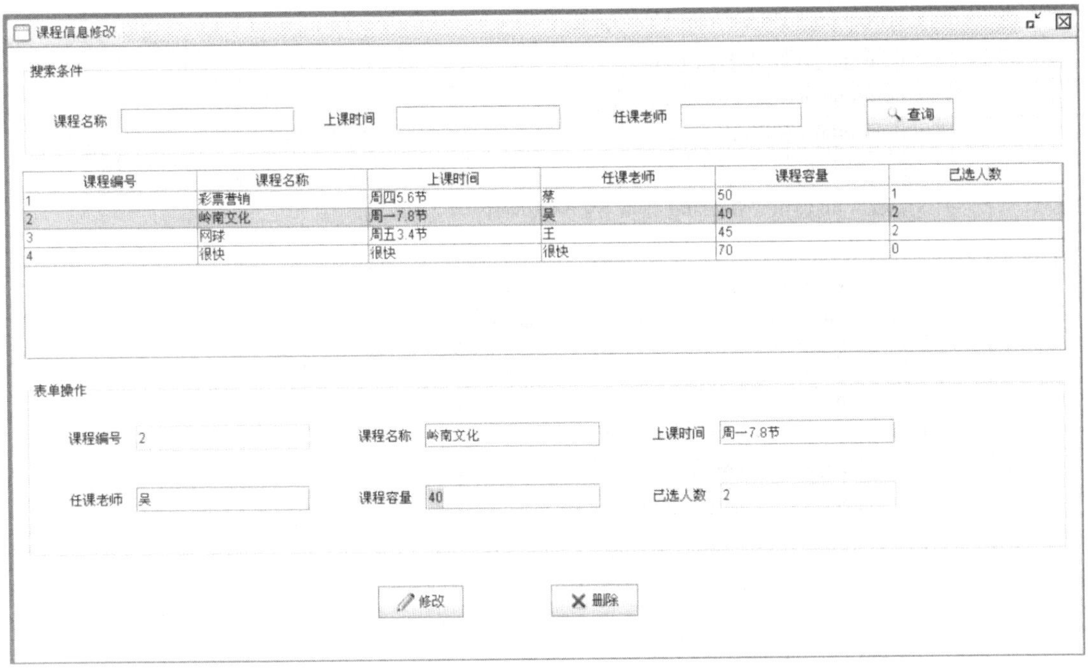

图 4.7 课程信息修改界面

实现代码如下：

```
jPanel1 = new javax.swing.JPanel();
jLabel1 = new javax.swing.JLabel();
s_courseNameTxt = new javax.swing.JTextField();
jLabel2 = new javax.swing.JLabel();
s_courseTimeTxt = new javax.swing.JTextField();
jLabel3 = new javax.swing.JLabel();
s_courseTeacherTxt = new javax.swing.JTextField();
jb_search = new javax.swing.JButton();
jScrollPane1 = new javax.swing.JScrollPane();
courseTable = new javax.swing.JTable();
jPanel2 = new javax.swing.JPanel();
courseIdTxt = new javax.swing.JTextField();
jLabel4 = new javax.swing.JLabel();
courseNameTxt = new javax.swing.JTextField();
jLabel5 = new javax.swing.JLabel();
courseTimeTxt = new javax.swing.JTextField();
jLabel6 = new javax.swing.JLabel();
courseTeacherTxt = new javax.swing.JTextField();
jLabel7 = new javax.swing.JLabel();
capacityTxt = new javax.swing.JTextField();
jLabel8 = new javax.swing.JLabel();
numSelectedTxt = new javax.swing.JTextField();
jLabel9 = new javax.swing.JLabel();
jb_modify = new javax.swing.JButton();
jb_delete = new javax.swing.JButton();
```

用户在文本框内完成信息修改后，点击"修改"按钮可执行如下对当前记录的更新语句：

```
String sql="update t_course set courseName=?,courseTime=?,courseTeacher=?,capacity=? where courseId=? ";
PreparedStatement pstmt=con.prepareStatement(sql);
pstmt.setString(1, course.getCourseName());
pstmt.setString(2, course.getCourseTime());
pstmt.setString(3, course.getCourseTeacher());
pstmt.setInt(4,course.getCapacity() );
pstmt.setInt(5, course.getCourseId());
return pstmt.executeUpdate();
```

在课程选择界面使用表格为学生用户显示所有可选课程，其界面如图4.8所示。

```
try {
    con = dbUtil.getCon();
    ResultSet rs = courseDao.UnderFullList(con, course);
    while (rs.next()) {
        Vector v = new Vector();
```

```
            v.add(rs.getString("courseId"));
            v.add(rs.getString("courseName"));
            v.add(rs.getString("courseTime"));
            v.add(rs.getString("courseTeacher"));
            v.add(rs.getString("capacity"));
            v.add(rs.getString("numSelected"));
            dtm.addRow(v);
        }
    }
```

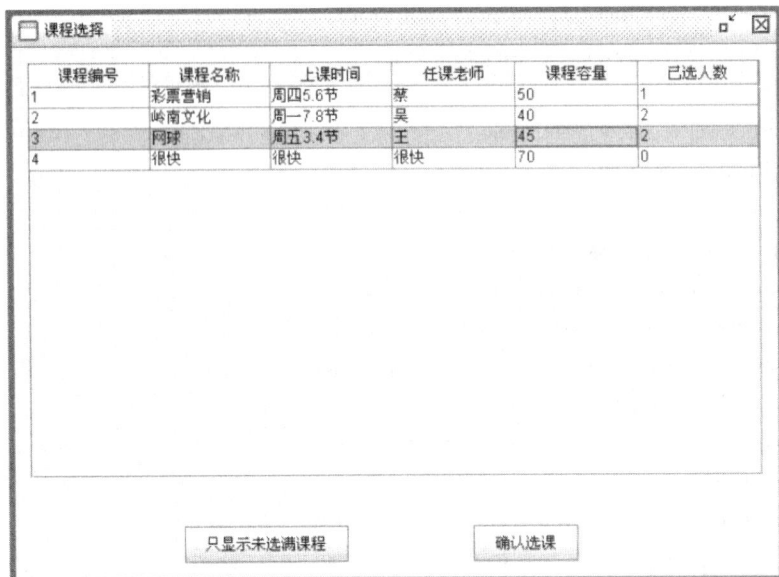

图 4.8　课程选择界面

学生在表格中选定某门课程后点击"确认选课"按钮执行下面语句将选课信息插入到数据库中：

```
String sql="insert into t_selection value(null,?,?)";
PreparedStatement pstmt=con.prepareStatement(sql);
pstmt.setInt(1,selection.getCourseId());
pstmt.setInt(2, selection.getSno());
return pstmt.executeUpdate();
```

在已选课程查看界面通过表格列出学生所有已选课程，同时在此界面也可以退选当前课程，如图 4.9 所示。

```
try {
    con = dbUtil.getCon();
    ResultSet rs = selectionDao.SelectedList(con, currentSno);
    while (rs.next()) {
        Vector v = new Vector();
        v.add(rs.getString("courseId"));
        v.add(rs.getString("courseName"));
```

```
                v.add(rs.getString("courseTime"));
                v.add(rs.getString("courseTeacher"));
                dtm.addRow(v);
            }
        }
```

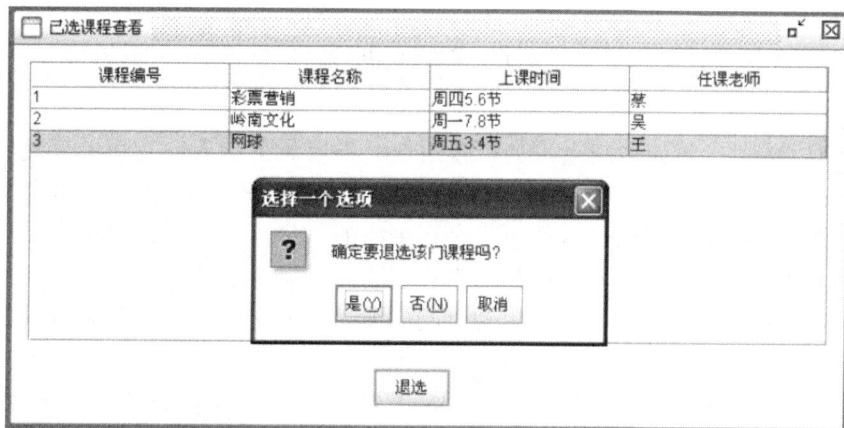

图 4.9 退选课程界面

通过下面代码列出当前学生所有已选课程：

```
String sql="select * from t_selection s,t_course c where s.Sno=? and s.courseId=c.courseId ";
PreparedStatement pstmt=con.prepareStatement(sql);
pstmt.setInt(1,sno);
return pstmt.executeQuery();
```

选中课程退选时使用下面代码从数据库中删除对应信息：

```
String sql="delete from t_selection where courseId=? and Sno=?";
PreparedStatement pstmt=con.prepareStatement(sql);
pstmt.setInt(1,selection.getCourseId());
pstmt.setInt(2, selection.getSno());
return pstmt.executeUpdate();
```

4.6　拓展练习

在系统中加入教师管理、课程管理、专业管理、班级管理等功能，将系统完善成为综合性的教务管理系统。

任务五　网上书店管理系统

5.1　任务描述

传统购书方式存在着许多缺点，如：效率低、需要大量的人力物力，以及进货不全，难以完全满足所有顾客的需求等。随着人们日益增长的购书需求，图书数量急剧增加，有关购书的各种信息也成倍增长，这就要求有一个好的信息支持平台。而网上书店具有用户使用简单、界面直观等优点，并对产品的销售和物品的购买展示出了一种崭新的理念。随着我国互联网的发展和普及、网上书店的更趋成熟，会有越来越大的消费群体，市场潜力也会得到充分发挥。

本任务以网上书店管理系统为背景，开发处理网上购书和库存的系统，提供具有图书分类检索和搜索、在线购书、后台管理功能，提供高效、安全的数据管理，从而提高整个网上书店各项功能的管理水平。通过网上书店管理系统，做到信息的规范管理、科学统计和快速查询，从而减少管理方面的工作量，有效地提高网上购书的效率。

5.2　需求分析

本系统的用户主要是网上书店的读者、销售业务管理人员和计算机系统管理员，因此系统应包含以下主要功能：

1. 用户登录

登录功能是进入系统必须经过的验证过程，其主要功能是验证使用者的身份，确认使用者的权限，从而在使用软件过程中能安全地控制系统数据，即不同的用户有不同的权限，每个使用人员不得跨越其权限操作软件，可以避免不必要的数据丢失事件发生。

2. 系统信息管理

计算机系统管理员所需要的主要功能，包括管理系统信息，对各部门人员、权限进行管理等。

3. 前台读者用户功能

前台主要是针对读者的功能，包括用户的注册，图书的检索、浏览、购买，订单的查看、修改，用户信息的维护等。通过这些功能，达到帮助读者方便快捷地注册、登录系统，快速准确地找到自己需要的图书，以较优惠的价格完成购买。并保证书店和读者随时保持良好的联系，从而使读者重复消费，提高读者忠诚度，实现业绩增长的目的。

4. 后台书店员工功能

后台主要是针对书店员工的功能，包括新书入库、图书信息管理、图书销售记录的查询与统计等功能。通过图书信息管理功能，帮助书店从分析顾客的需求和自身情况入手，对图书组合、定价方法、促销活动，以及资金使用、库存图书和其他经营性指标进行全面管理，以保证在最佳的时间、将最合适的数量、按正确的价格向读者提供图书，同时达到既定的经济效益指标。因此需要提供对任意图书信息的添加、修改、删除，做到对图书促销信息的及时维护。通过图书销售相关功能实现对全部销售情况进行监控，以确定各类图书的销售情况，以及所有用户的购买情况，以方便书店对于用户优惠或图书促销作出及时调整。

5.3 功能结构设计

根据前述需求分析，得出系统应包含以下功能模块，如图 5.1 所示。

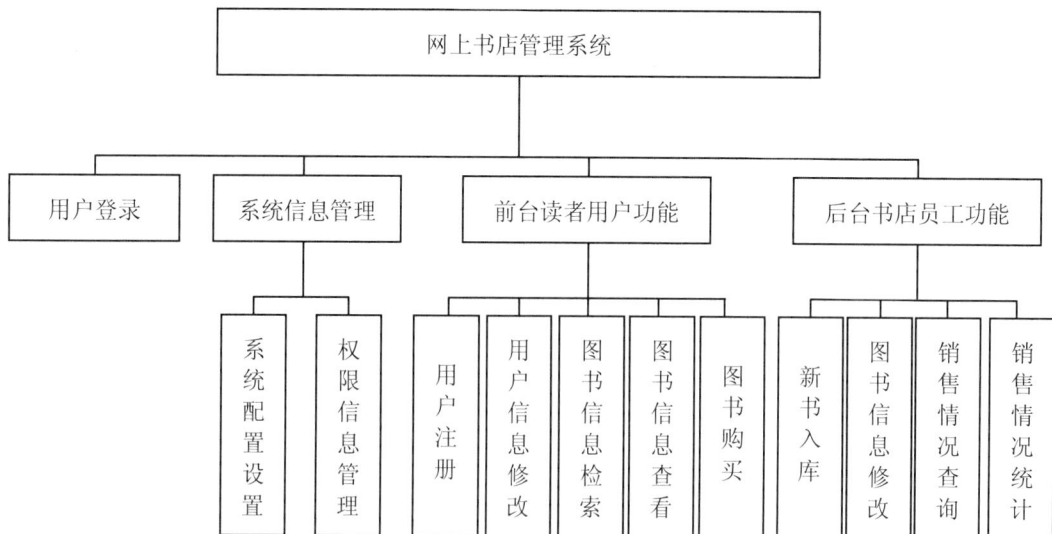

图 5.1 网上书店管理系统模块结构图

1. 用户登录

输入数据为用户名和密码。点击"确定"按钮后，若用户名、密码正确则根据用户角色提供相应信息界面，否则提示登录失败；点击"取消"按钮后退出系统。

2. 系统信息管理模块

（1）系统配置设置。

输入数据为数据库服务器地址、数据库连接用户名、数据库连接密码。点击"确定"按钮保存设置；点击"取消"按钮退出界面。

（2）权限信息管理。

通过列表显示所有员工的用户名、密码、部门等信息，提供增加、删除、修改相应信息的功能。各部门员工只能查询、管理本部门的图书和销售信息。

3. 前台读者用户功能模块

（1）用户注册。

对新加入的读者提供其各项信息的输入，包括用户名、密码、姓名、性别、出生日期、身份证号、联系电话、收货地址等。

（2）用户信息修改。

对书店用户提供其各项信息的修改，联系电话、收货地址等。

注意：为保持书店的市场占有率、维护书店与读者的关系，在网上书店管理系统中一般不提供删除用户的功能。

（3）图书信息检索。

根据图书的类别、书名、作者、出版社等关键字检索图书信息，对于检索结果列出其书名、价格、当前折扣、作者、出版社、图书简介等信息。

（4）图书信息查看。

显示相关图书的全部信息，包括类别、书名、作者、出版社、价格、供应商、当前折扣、页数、字数、图书简介，并提供图书购买入口。

（5）图书购买。

读者选定要购买的图书后，系统自动根据图书的数量、价格、折扣计算出该笔订单的付款总额，并协助用户完成付款。

4. 后台书店员工功能

（1）新书入库。

对新进货的图书提供其各项信息的输入，包括类别、书名、作者、出版社、价格、供应商、当前折扣、页数、字数、图书简介等。

（2）图书信息修改。

对书店现有图书提供其各项信息的修改，包括价格、供应商、当前折扣、图书简介等。

注意：为保持书店图书种类齐全、提高书店竞争力，在网上书店管理系统中对于不再销售的图书一般不提供删除功能。

（3）销售情况查询。

列表显示书店所有图书销售明细情况，提供按照图书编号、用户名的精确查询功能，以及按照图书名称、图书类别、用户名的模糊查询功能。

（4）销售情况统计。

提供对销售数据的汇总统计功能，包括：各类图书每月的销售情况，提供排序及按照图书类别、名称的模糊查询功能；各用户每月的消费情况，并提供排序功能。

5.4 数据库设计

5.4.1 E-R 图

系统主要 E-R 图如图 5.2所示。

系统主要包含三类实体：

（1）读者：作为系统的重要实体之一，读者具有最多的属性，对于其属性的识别要严格参照功能需求，所有需要录入的信息都应仔细识别是否应作为属性添加到 E-R 图中。

（2）图书：系统中另一极为重要的实体，其属性的识别也应严格按照具体系统录入的需求进行，所有需要录入的信息都应仔细识别是否应作为属性添加到 E-R 图中。

（3）订单：在网上书店管理系统中，图书不是独立存在的，是通过订单与读者的购买行为联系在一起的。每份订单中对应一个订单编号和多个图书编号，因此订单与图书之间是一对多的关系。

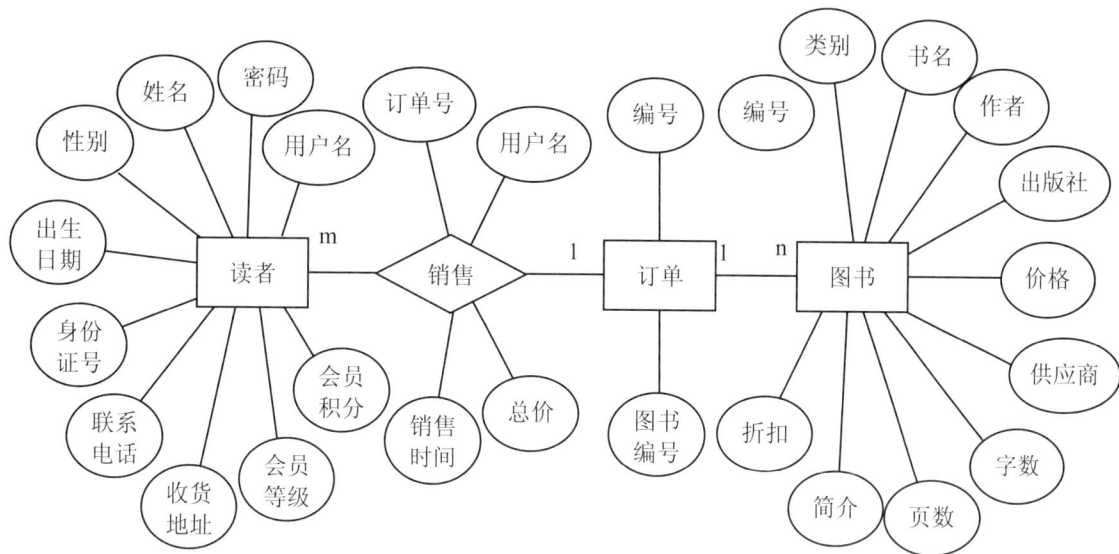

图 5.2　系统主要 E-R 图

系统中还应包含一个关系：

销售：作为网上书店管理系统所需要管理的核心内容，销售将读者、订单、图书串联起来，形成了系统的基础框架。读者可以购买多本图书，每一种图书也可被多个读者购买。可见，读者与图书之间存在多对多（m:n）的关系。为了拆分这种关系，在读者与图书之间添加了销售关系，读者在书店的一次购书行为即对应一条销售记录。但读者在一次购书行为中仍可购买多本图书，仍然存在数据冗余，因此添加实体订单：读者在一次购买过程中产生一个订单，每个订单中可包含多本图书。这样就将所有关系清楚、条理地展现了出来，并解决了所有可能存在的冗余情况。

另外，系统中还包含书店员工实体，较为简单，只包含用户名、密码、所管理的图书类别等属性，对重要业务不产生实质影响，故不再赘述。

5.4.2　数据库表设计

根据前述 E-R 图设计出系统具有如下表结构，其中，读者信息表如表 5.1 所示。

表 5.1　读者信息表

编号	字段名称	数据类型	说明
1	编号	int	自增
2	用户名	varchar(20)	主键
3	密码	varchar(20)	
4	姓名	varchar(20)	
5	性别	int	性别（0—男，1—女）
6	出生日期	date	

续表

编号	字段名称	数据类型	说明
7	身份证号	varchar(20)	
8	联系电话	varchar(20)	
9	收货地址	varchar(50)	
10	会员等级	varchar(10)	
11	会员积分	float	

读者信息表与读者实体相对应，包含其所有属性。其中用户名字段应设为主键，以保持数据完整性。会员等级也可使用 int 型数据，用整型数表示，但需在程序中作数字与文字的转换。

需要注意的是身份证号字段，通过居民身份证号可以唯一标识中国公民身份，具有作为主键的天然优势。但互联网上的用户经常会注册多个用户名，或者读者出于安全考虑使用虚假身份证号登记等情况发生时，就会造成数据冲突。而且本系统的主要业务是管理书店内部的用户身份，书店为维护读者关系也会允许读者用同一身份证注册多个用户名，因此在一般的网上书店业务中都会采用独立的用户编号。因此可添加编号字段，并设为自增。

销售信息表如表 5.2 所示。

表 5.2　销售信息表

编号	字段名称	数据类型	说明
1	编号	int	自增
2	用户名	varchar(20)	联合主键、外键
3	订单号	int	联合主键、外键
4	销售时间	datetime	
5	总价	float	

销售信息表与销售关系相对应，包含其所有属性。其中用户名、订单号字段应设为联合主键，以保持数据完整性。同时用户名字段还作为外键与读者信息表关联，用以表示销售信息所属的读者。订单号为外键与订单信息表关联，用以表示销售信息所对应的订单。由于图书的价格、折扣等信息经常会发生变动，所以使用总价字段保存本次销售过程中所有图书价格的总计，并作为历史记录保存。另外，为管理方便，销售信息表中还可添加编号字段，并设为自增。

订单信息表如表 5.3 所示。

表 5.3　订单信息表

编号	字段名称	数据类型	说明
1	编号	int	主键、自增
2	图书编号	int	外键
3	销售编号	int	外键

订单信息表与订单实体相对应，包含其所有属性。其中编号字段应设为主键并自增，以

保持数据完整性。图书编号为外键与图书信息表关联，用以表示订单中所包含的图书。另外，订单信息表中还可添加销售编号字段，作为外键与销售信息表的销售记录相对应，以便于根据图书情况查询购买某本图书的客户信息，为书店的销售数据分析提供支持。

图书信息表如表 5.4 所示。

表 5.4　图书信息表

编号	字段名称	数据类型	说明
1	编号	int	主键、自增
2	书名	varchar(50)	
3	类别	varchar(20)	
4	作者	varchar(20)	
5	出版社	varchar(20)	
6	价格	float	
7	供应商	varchar(50)	
8	字数	int	
9	页数	int	
10	简介	varchar(500)	
11	折扣	float	

图书信息表与图书实体相对应，包含其所有属性。其中编号字段应设为主键并自增，以保持数据完整性。类别字段也可使用 int 型数据，用整型数表示，但需在程序中作数字与文字的转换。

员工信息表如表 5.5 所示。

表 5.5　员工信息表

编号	字段名称	数据类型	说明
1	用户名	varchar(20)	主键
2	密码	varchar(20)	
3	管理类别	varchar(20)	所管理图书的类别

员工信息表与员工实体相对应，包含其所有属性。其中用户名字段应设为主键，以保持数据完整性。管理类别字段也可使用 int 型数据，用整型数表示，但需在程序中作数字与文字的转换。

5.4.3　数据库构建

数据库在 SQL Server 2008 数据库环境下构建，SQL 脚本代码如下，该代码包含了表、主键、外键关系、触发器等元素。为方便读者阅读，所有表名、字段名等名称都使用了中文，读者自行练习时应将其改为英文。

```
--建表
CREATE TABLE [dbo].[读者信息表](
    [编号] [int] IDENTITY(1,1) NOT NULL, --自增
```

```
    [用户名] [varchar](20) NOT NULL,
    [密码] [varchar](20) NOT NULL,
    [姓名] [varchar](20) NOT NULL,
    [性别] [int] NOT NULL,
    [出生日期] [date] NOT NULL,
    [身份证号] [varchar](20) NOT NULL,
    [联系电话] [varchar](20) NOT NULL,
    [收货地址] [varchar](50) NULL,
    [会员等级] [varchar](10) NULL,
    [会员积分] [float] NULL,
CONSTRAINT [PK_读者信息表] PRIMARY KEY CLUSTERED
(
    [用户名] ASC
)WITH
(PAD_INDEX=OFF,STATISTICS_NORECOMPUTE=OFF,IGNORE_DUP_KEY=OFF,ALLOW_RO
W_LOCKS=ON,ALLOW_PAGE_LOCKS=ON)ON [PRIMARY]
)ON [PRIMARY]


--建表
CREATE TABLE [dbo].[销售信息表](
    [编号] [int] IDENTITY(1,1) NOT NULL, --自增
    [用户名] [varchar](20) NOT NULL,
    [订单号] [int] NOT NULL,
    [销售时间] [datetime] NOT NULL,
    [总价] [float] NOT NULL,
CONSTRAINT [PK_销售信息表] PRIMARY KEY CLUSTERED--联合主键
(
    [用户名] ASC
    [订单号] ASC
)WITH
(PAD_INDEX=OFF,STATISTICS_NORECOMPUTE=OFF,IGNORE_DUP_KEY=OFF,ALLOW_RO
W_LOCKS=ON,ALLOW_PAGE_LOCKS=ON)ON [PRIMARY]
)ON [PRIMARY]


--建立外键关系
ALTER TABLE [dbo].[销售信息表] WITH CHECK ADD CONSTRAINT [FK_销售信息表_读者信息
表] FOREIGN KEY([用户名])
REFERENCES [dbo].[读者信息表]([用户名])
ALTER TABLE [dbo].[销售信息表] CHECK CONSTRAINT [FK_销售信息表_读者信息表]


--建表
CREATE TABLE [dbo].[订单信息表](
    [编号] [int] IDENTITY(1,1) NOT NULL, --自增
```

[图书编号] [int] NOT NULL,

[销售编号] [int] NOT NULL,

CONSTRAINT [PK_订单信息表] PRIMARY KEY CLUSTERED

(

[编号] ASC,

)WITH

(PAD_INDEX=OFF,STATISTICS_NORECOMPUTE=OFF,IGNORE_DUP_KEY=OFF,ALLOW_RO

W_LOCKS=ON,ALLOW_PAGE_LOCKS=ON)ON [PRIMARY]

)ON [PRIMARY]

--建立外键关系

ALTER TABLE [dbo].[订单信息表] WITH CHECK ADD CONSTRAINT [FK_订单信息表_图书信息

表] FOREIGN KEY([图书编号])

REFERENCES [dbo].[图书信息表]([编号])

ALTER TABLE [dbo].[订单信息表] CHECK CONSTRAINT [FK_订单信息表_图书信息表]

ALTER TABLE [dbo].[订单信息表] WITH CHECK ADD CONSTRAINT [FK_订单信息表_销售信息

表] FOREIGN KEY([销售编号])

REFERENCES [dbo].[销售信息表]([编号])

ALTER TABLE [dbo].[订单信息表] CHECK CONSTRAINT [FK_订单信息表_销售信息表]

--建表

CREATE TABLE [dbo].[图书信息表](

[编号] [int] IDENTITY(1,1) NOT NULL, --自增

[书名] [varchar](50) NOT NULL,

[类别] [varchar](20) NOT NULL,

[作者] [varchar](20) NOT NULL,

[出版社] [varchar](20) NOT NULL,

[价格] [float] NOT NULL,

[供应商] [varchar](50) NOT NULL,

[字数] [int] NULL,

[页数] [int] NULL,

[简介] [varchar](500) NOT NULL,

[折扣] [float] NULL,

CONSTRAINT [PK_图书信息表] PRIMARY KEY CLUSTERED

(

[编号] ASC

)WITH

(PAD_INDEX=OFF,STATISTICS_NORECOMPUTE=OFF,IGNORE_DUP_KEY=OFF,ALLOW_RO

W_LOCKS=ON,ALLOW_PAGE_LOCKS=ON)ON [PRIMARY]

)ON [PRIMARY]

--建表

```sql
CREATE TABLE [dbo].[员工信息表](
    [用户名] [varchar](20) NOT NULL,
    [密码] [varchar](20) NOT NULL,
    [管理类别] [varchar](20) NOT NULL,
CONSTRAINT [PK_员工信息表] PRIMARY KEY CLUSTERED
(
    [用户名] ASC,
)WITH
(PAD_INDEX=OFF,STATISTICS_NORECOMPUTE=OFF,IGNORE_DUP_KEY=OFF,ALLOW_RO
W_LOCKS=ON,ALLOW_PAGE_LOCKS=ON)ON [PRIMARY]
)ON [PRIMARY]


--建立触发器，当向销售信息表中添加数据时，自动修改读者信息表中会员的积分
CREATE TRIGGER [dbo].[修改会员积分触发器]
ON [dbo].[销售信息表]
AFTER INSERT
AS
BEGIN
    SET NOCOUNT ON;
    DECLARE @用户名[varchar](20)
    SELECT @用户名=用户名, @增加积分=总价
    FROM inserted
    UPDATE dbo.读者信息表
    SET 会员积分=会员积分+@增加积分
    WHERE  用户名=@用户名
END
```

5.5　关键代码示例

5.5.1　数据处理工具类

在系统中多处都需要连接数据库处理数据，因此将数据库的连接、SQL 执行等功能抽象出来作为单独的数据处理工具类，可提高数据处理效率，减少代码冗余，提高代码重用性。代码示例如下：

```java
import java.security.interfaces.RSAKey;
import java.sql.Connection;
import java.sql.DriverManager;
import java.sql.ResultSet;
import java.sql.SQLException;
import java.sql.Statement;

public class SQL {
```

```java
    private String url = "jdbc:mysql://localhost:3306/bookManage";
    private String username = "root";
    private String password = "a476911605";
    private Connection con;
    private Statement stmt;
    private ResultSet rs;

    public Connection loadConnection() {
        try {
            //加载 MySQL 的驱动
            Class.forName("com.mysql.jdbc.Driver");
            //与数据库建立连接
            con = DriverManager.getConnection(url, username, password);
            return con;
        } catch (ClassNotFoundException e) {
            System.out.println("MySQL 驱动加载失败");
        } catch (SQLException e) {
            System.out.println("MySQLConnection 数据库连接失败");
        }
        return con;
    }

    public Statement loadStatement() {
        try {
            stmt = con.createStatement();
            return stmt;
        } catch (SQLException e) {
            System.out.println("MySQLStatement 数据库连接失败");
        }
        return stmt;
    }
    public ResultSet loadResultSet(String sql) {
        try {
            rs = stmt.executeQuery(sql);
            return rs;
        } catch (SQLException e) {
            System.out.println("MySQLResultSet 数据库连接失败");
        }
        return rs;
    }
}
```

5.5.2　书籍信息管理主界面

书籍信息管理主界面如图 5.3所示，界面列出当前所有图书，点击列表中的图书后显示图书详细信息。可通过主界面中的菜单进入各个功能模块。

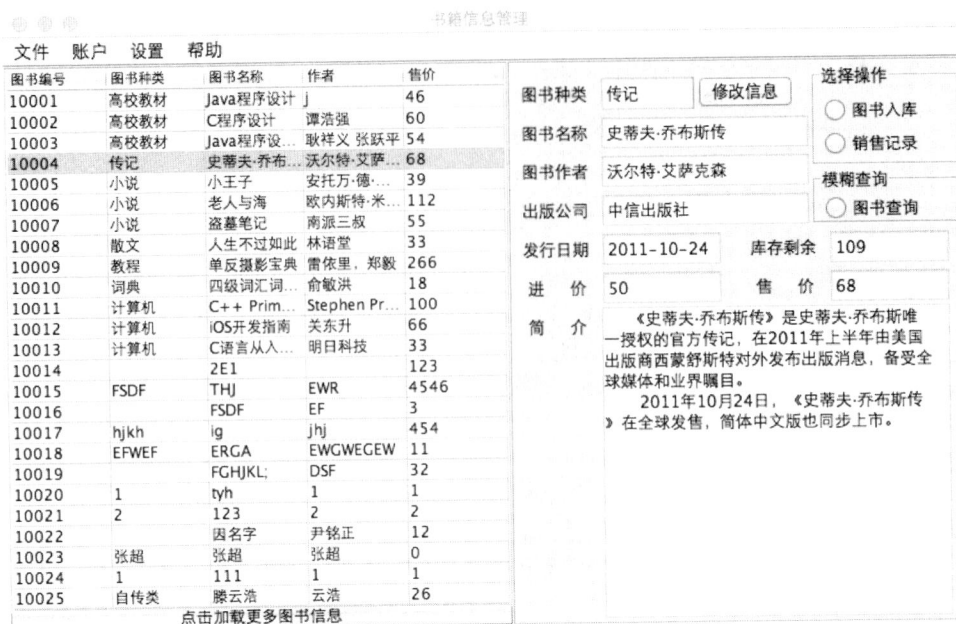

图 5.3　书籍信息管理主界面

本界面较为复杂，故采用了空布局，且将窗口设置为不能改变大小。采用多个 JPanel 放置界面组件，具体代码如下：

```java
import java.awt.*;
import java.awt.event.*;
import java.sql.*;
import java.text.ParseException;
import java.util.*;
import javax.swing.*;
import org.apache.poi.ss.usermodel.Row;
public class bookInfoController extends JFrame{
    private static final long serialVersionUID = 1L;
    JFrame bookInfoDataModelFrame;
    JTable bookInfoDataModelTable;
    bookAddController addBookDialog;
    bookFindController findBookDialog;
    bookSellController sellBookDialog;
    JTextField bookIdField;
    JLabel bookKindLabel;
    JTextField bookKindField;
    JLabel bookNameLabel;
    JTextField bookNameField;
    JLabel bookAuthorLabel;
    JTextField bookAuthorField;
```

JLabel bookPublishingLabel;

JTextField bookPublishingField;

JLabel bookDateLabel;

JFormattedTextField bookDateField;

JLabel bookPriceLable;

JFormattedTextField bookPriceField;

JLabel bookSellPriceLable;

JFormattedTextField bookSellPriceField;

JLabel bookNumLabel;

JFormattedTextField bookNumField;

JLabel bookIntroductionLabel;

JTextArea bookIntroductionArea;

JButton bookInfoDataModelUpdateButton;

Vector<Object>bookdata = **new** Vector<Object>();

private int startRow = 0;

private int endRow = 25;

JButton updateButton;

//用来存放书籍信息
List<String>bookInfoDataModelList = bookInfoDataModel.getBookList(startRow, endRow);

```java
public bookInfoController() {
    this.bookManageFrame();
    this.bookInfoDataModelTableCreate();
    this.bookInfoDataModelTableAction();
    this.bookOperationPanel();
    this.bookInfoDataModelWidgetPanel();
    this.menuBar();
}

public void bookManageFrame() {
    bookInfoDataModelFrame = new JFrame("书籍信息管理");
    int w = Toolkit.getDefaultToolkit().getScreenSize().width;
    int h = Toolkit.getDefaultToolkit().getScreenSize().height;
    bookInfoDataModelFrame.setBounds((w-360)/2, (h-760)/2, 760, 480);
    bookInfoDataModelFrame.setVisible(true);
    bookInfoDataModelFrame.addWindowListener(new WindowAdapter() {
        @Override
        public void windowActivated(WindowEvent e) {
            showMoreBookTable();
            showbookInfoDataModel();
        }
```

```java
            @Override
            public void windowClosing(WindowEvent arg0) {
                System.exit(0);
            }
        });
    }

    public void bookInfoDataModelTableCreate() {
        Vector<String>columnName = new Vector<String>();
        columnName.add("图书编号");
        columnName.add("图书种类");
        columnName.add("图书名称");
        columnName.add("作者");
        columnName.add("售价");
        bookInfoDataModelTable = new JTable(bookdata, columnName);
        bookInfoDataModelFrame.setLayout(null);

        JScrollPane bookInfoDataModelScroll = new JScrollPane(bookInfoDataModelTable);
        bookInfoDataModelFrame.add(bookInfoDataModelScroll);
        bookInfoDataModelScroll.setBounds(1, 1, 400, 420);
        updateButton = new JButton("点击加载更多图书信息");
        bookInfoDataModelFrame.add(updateButton);
        updateButton.setBounds(1, 420, 400, 15);
        updateButton.addActionListener(new ActionListener() {
            @Override
            public void actionPerformed(ActionEvent arg0) {
                endRow+=25;
                bookInfoDataModel.UpdateBookList(startRow, endRow);
                showMoreBookTable();
            }
        });
    }

    public void bookInfoDataModelTableAction() {
        //监听表格点击事件
        bookInfoDataModelTable.addMouseListener(new MouseAdapter() {
            @Override
            public void mouseClicked(MouseEvent arg0) {
                showbookInfoDataModel();
            }
        });
    }
```

```java
public void menuBar() {
    JMenuBar bar = new JMenuBar();
    JMenu fileMenu = new JMenu("文件");
    JMenu userMenu = new JMenu("账户");
    JMenu setMenu = new JMenu("设置");
    JMenu helpMenu = new JMenu("帮助");
    JMenuItem fileOut = new JMenuItem("报表输出销售记录");
    fileMenu.add(fileOut);
    fileOut.addActionListener(new ActionListener() {
        @Override
        public void actionPerformed(ActionEvent e) {
            XlsDto xls;
            List<XlsDto>list = new ArrayList<XlsDto>();
            for (inti = 0; i< bookSellDataModel.getBookSellList().size(); i++) {
                xls = new XlsDto();
                xls.setBuyId(Integer.parseInt(bookSellDataModel.getBuyId(i)));
                xls.setName(bookSellDataModel.getName(i));
                xls.setSex(bookSellDataModel.getSex(i));
                xls.setAge(bookSellDataModel.getAge(i));
                xls.setPhone(bookSellDataModel.getPhone(i));
                xls.setBookName(bookSellDataModel.getBookName(i));
                xls.setBuyMethod(bookSellDataModel.getBuyMethod(i));
                xls.setSendMethod(bookSellDataModel.getSendMethod(i));
                xls.setBuyDate(bookSellDataModel.getBuyDate(i));
                list.add(xls);
            }
            try {
                XlsDtoToExcel.xlsDtoToExcel(list);
            } catch (Exception e1) {
                e1.printStackTrace();
            }
        }
    });
    bar.add(fileMenu);
    bar.add(userMenu);
    bar.add(setMenu);
    bar.add(helpMenu);
    bookInfoDataModelFrame.setJMenuBar(bar);
}

public void bookInfoDataModelWidgetCreate(JPanel bookInfoDataModelWidgetPanel) {
    bookIdField = new JTextField();
    bookKindLabel = new JLabel("图书种类");
```

```java
bookKindField = new JTextField();
bookNameLabel = new JLabel("图书名称");
bookNameField = new JTextField();
bookAuthorLabel = new JLabel("图书作者");
bookAuthorField = new JTextField();
bookPublishingLabel = new JLabel("出版公司");
bookPublishingField = new JTextField();
bookDateLabel = new JLabel("发行日期");
bookDateField = new JFormattedTextField();
bookPriceLable = new JLabel("进    价");
bookPriceField = new JFormattedTextField();
bookSellPriceLable = new JLabel("售    价");
bookSellPriceField = new JFormattedTextField();
bookNumLabel = new JLabel("库存剩余");
bookNumField = new JFormattedTextField();
bookIntroductionLabel = new JLabel("简    介");
bookIntroductionArea = new JTextArea();
bookInfoDataModelUpdateButton = new JButton("修改信息");
MaskFormatter maskFormatterDate;
MaskFormatter maskFormatterPrice;
MaskFormatter maskFormatterSellPrice;
MaskFormatter maskFormatterNum;
try {
    maskFormatterDate = new MaskFormatter("####-##-##");
    maskFormatterPrice = new MaskFormatter("####");
    maskFormatterSellPrice = new MaskFormatter("####");
    maskFormatterNum = new MaskFormatter("####");
    maskFormatterDate.install(bookDateField);
    maskFormatterPrice.install(bookPriceField);
    maskFormatterSellPrice.install(bookSellPriceField);
    maskFormatterNum.install(bookNumField);
    maskFormatterDate.setAllowsInvalid(false);
    maskFormatterPrice.setAllowsInvalid(false);
    maskFormatterSellPrice.setAllowsInvalid(false);
    maskFormatterNum.setAllowsInvalid(false);
} catch (ParseException e) {
    System.out.println(1);
}
bookInfoDataModelWidgetPanel.add(bookKindLabel);
bookInfoDataModelWidgetPanel.add(bookKindField);
bookInfoDataModelWidgetPanel.add(bookNameLabel);
bookInfoDataModelWidgetPanel.add(bookNameField);
bookInfoDataModelWidgetPanel.add(bookAuthorLabel);
```

```
bookInfoDataModelWidgetPanel.add(bookAuthorField);
bookInfoDataModelWidgetPanel.add(bookPublishingLabel);
bookInfoDataModelWidgetPanel.add(bookPublishingField);
bookInfoDataModelWidgetPanel.add(bookDateLabel);
bookInfoDataModelWidgetPanel.add(bookDateField);
bookInfoDataModelWidgetPanel.add(bookPriceLable);
bookInfoDataModelWidgetPanel.add(bookPriceField);
bookInfoDataModelWidgetPanel.add(bookSellPriceLable);
bookInfoDataModelWidgetPanel.add(bookSellPriceField);
bookInfoDataModelWidgetPanel.add(bookNumLabel);
bookInfoDataModelWidgetPanel.add(bookNumField);
bookInfoDataModelWidgetPanel.add(bookIntroductionLabel);
bookInfoDataModelWidgetPanel.add(bookIntroductionArea);
bookInfoDataModelWidgetPanel.add(bookInfoDataModelUpdateButton);
bookKindLabel.setBounds(10, 10, 60, 30);
bookKindField.setBounds(70, 10, 80, 30);
bookNameLabel.setBounds(10, 40, 60, 30);
bookNameField.setBounds(70, 40, 170, 30);
bookAuthorLabel.setBounds(10, 70, 60, 30);
bookAuthorField.setBounds(70, 70, 170, 30);
bookPublishingLabel.setBounds(10, 100, 60, 30);
bookPublishingField.setBounds(70, 100, 170, 30);
bookDateLabel.setBounds(10, 130, 60, 30);
bookDateField.setBounds(70, 130, 100, 30);
bookNumLabel.setBounds(190, 130, 60, 30);
bookNumField.setBounds(250, 130, 100, 30);
bookPriceLable.setBounds(10, 160, 60, 30);
bookPriceField.setBounds(70, 160, 100, 30);
bookSellPriceLable.setBounds(190, 160, 60, 30);
bookSellPriceField.setBounds(250, 160, 100, 30);
bookIntroductionLabel.setBounds(10, 190, 60, 30);
bookIntroductionArea.setBounds(72, 190, 275, 240);
bookInfoDataModelUpdateButton.setBounds(145, 10, 85, 30);
bookIntroductionArea.setBorder(new LineBorder(new Color(200, 200, 200), 1, false));
bookIntroductionArea.setLineWrap(true);
bookKindField.setEditable(false);
bookNameField.setEditable(false);
bookAuthorField.setEditable(false);
bookPublishingField.setEditable(false);
bookDateField.setEditable(false);
bookPriceField.setEditable(false);
bookSellPriceField.setEditable(false);
bookNumField.setEditable(false);
```

```java
            bookIntroductionArea.setEditable(false);
    }

    public void bookInfoDataModelWidgetAction() {
        bookInfoDataModelUpdateButton.addActionListener(new ActionListener() {
            @Override
            public void actionPerformed(ActionEvent event) {
                bookKindField.setEditable(true);
                bookNameField.setEditable(true);
                bookAuthorField.setEditable(true);
                bookPublishingField.setEditable(true);
                bookDateField.setEditable(true);
                bookPriceField.setEditable(true);
                bookSellPriceField.setEditable(true);
                bookIntroductionArea.setEditable(true);
                if (bookInfoDataModelUpdateButton.getText().equals("确认修改")) {
                    try {
                        SQL javaSQL = new SQL();
                        Connection con = javaSQL.loadConnection();
                        Statement stmt = javaSQL.loadStatement();
                        if
(bookPriceField.getText().equals("")||bookSellPriceField.getText().equals("")||bookNumField.getText().e
quals("")) {
                            JOptionPane.showMessageDialog(null,"图书信息不能为空,请
添加","提示！", JOptionPane.YES_NO_OPTION);
                            stmt.close();
                            con.close();
                        } else {
                            String sql;
                            sql = new String("UPDATE  BookState  SET  bookPrice =
"+Integer.parseInt(bookPriceField.getText().trim())+",     bookSellPrice     =     "+Integer.parseInt
(bookSellPriceField.getText().trim())+", bookNum = "+Integer.parseInt (bookNumField.getText().trim())
+" WHERE bookId = "+Integer.parseInt(bookIdField.getText()));
                            stmt.executeUpdate(sql);
                            sql = new  String("UPDATE  bookInfo  SET  bookClass =
'"+bookKindField.getText()+"',     bookName     =     '"+bookNameField.getText()+"',     bookAuthor     =
'"+bookAuthorField.getText()+"', bookPublishing = '"+bookPublishingField.getText()+"', bookDate =
'"+bookDateField.getText()+"',     bookIntroduction     =     '"+bookIntroductionArea.getText()+"'  WHERE
bookId = "+Integer.parseInt(bookIdField.getText()));
                            System.out.println(sql);
                            stmt.executeUpdate(sql);
                            stmt.close();
                            con.close();
                            bookInfoDataModelUpdateButton.setText("修改信息");
```

```
                                            bookInfoDataModelTable.setEnabled(true);
                                            bookNameField.setEditable(false);
                                            bookAuthorField.setEditable(false);
                                            bookPublishingField.setEditable(false);
                                            bookDateField.setEditable(false);
                                            bookPriceField.setEditable(false);
                                            bookSellPriceField.setEditable(false);
                                            bookIntroductionArea.setEditable(false);
                    bookInfoDataModel.UpdateBookList(startRow, endRow);
                                            showBookTable();
                                        }
                                    } catch (SQLException e) {
                                        System.out.println("新图书 MySQL 数据库连接失败");
                                    }
                                } else {
                                    bookInfoDataModelUpdateButton.setText("确认修改");
                                    bookInfoDataModelTable.setEnabled(false);
                                }
                            }
                        });
                    }


    public void bookInfoDataModelWidgetPanel() {
        JPanel bookInfoDataModelWidgetPanel = new JPanel();
        bookInfoDataModelWidgetPanel.setBorder(new EtchedBorder());
        bookInfoDataModelWidgetPanel.setLayout(null);
        bookInfoDataModelWidgetPanel.setBounds(402, 1, 358, 435);
    bookInfoDataModelFrame.add(bookInfoDataModelWidgetPanel);
    bookInfoDataModelWidgetCreate(bookInfoDataModelWidgetPanel);
        bookInfoDataModelWidgetAction();
    }


    public void bookOperationPanel() {
        JPanel BookOperationPanel = new JPanel();
        JPanel FindOperationPanel = new JPanel();
        BookOperationPanel.setLayout(new GridLayout(2,1));
        FindOperationPanel.setLayout(new GridLayout(1,1));
        BookOperationPanel.setBorder(new TitledBorder("选择操作"));
        FindOperationPanel.setBorder(new TitledBorder("模糊查询"));
        JRadioButton addBookButton = new JRadioButton("图书入库");
        JRadioButton sellBookButton = new JRadioButton("销售记录");
        JRadioButton findBookButton = new JRadioButton("图书查询");
        ButtonGroup ButtonGroup = new ButtonGroup();
        ButtonGroup.add(addBookButton);
        ButtonGroup.add(sellBookButton);
```

```java
ButtonGroup findButtonGroup = new ButtonGroup();
findButtonGroup.add(findBookButton);
BookOperationPanel.add(addBookButton);
BookOperationPanel.add(sellBookButton);
FindOperationPanel.add(findBookButton);
BookOperationPanel.setBounds(640, 5, 120, 80);
FindOperationPanel.setBounds(640, 85, 120, 45);
bookInfoDataModelFrame.add(BookOperationPanel);
bookInfoDataModelFrame.add(FindOperationPanel);
addBookButton.addActionListener(new ActionListener() {
    @Override
    public void actionPerformed(ActionEvent e) {
        new bookAddController(bookInfoDataModelFrame);
    }
});
findBookButton.addActionListener(new ActionListener() {
    @Override
    public void actionPerformed(ActionEvent e) {
        new bookFindController(bookInfoDataModelFrame, bookInfoDataModelList);
    }
});
sellBookButton.addActionListener(new ActionListener() {
    @Override
    public void actionPerformed(ActionEvent e) {
        sellBookDialog = new bookSellController(bookInfoDataModelFrame);
        new Thread(sellBookDialog).start();
    }
});
}

public void showBookTable() {
    bookdata.clear();
    for (int i = 0; i< bookInfoDataModel.UpdateBookList(startRow, endRow).size(); i++) {
        /*table 列： */
        /*图书编号、图书种类、图书名称、作者、售价*/
        Vector<Object>row = new Vector<Object>();
        row.add(bookInfoDataModel.getBookId(i));
        row.add(bookInfoDataModel.getBookKind(i));
        row.add(bookInfoDataModel.getBookName(i));
        row.add(bookInfoDataModel.getBookAuthor(i));
        row.add(bookInfoDataModel.getBookSellPrice(i));
        bookdata.add(row);
        //设置 table 边框颜色
        bookInfoDataModelTable.setGridColor(Color.lightGray);
    }
```

```
        bookInfoDataModelTable.setVisible(false);
        bookInfoDataModelTable.setVisible(true);
    }


    public void showMoreBookTable() {
        bookdata.clear();
        for (int i = 0; i< bookInfoDataModel.getBookList(startRow, endRow).size(); i++) {
            /*table 列：*/
            /*图书编号、图书种类、图书名称、作者、售价*/
            Vector<Object>row = new Vector<Object>();
            row.add(bookInfoDataModel.getBookId(i));
            row.add(bookInfoDataModel.getBookKind(i));
            row.add(bookInfoDataModel.getBookName(i));
            row.add(bookInfoDataModel.getBookAuthor(i));
            row.add(bookInfoDataModel.getBookSellPrice(i));
            bookdata.add(row);
            //设置 table 边框颜色
            bookInfoDataModelTable.setGridColor(Color.lightGray);
        }
        bookInfoDataModelTable.setVisible(false);
        bookInfoDataModelTable.setVisible(true);
    }


    public void showbookInfoDataModel() {
        //获取当前所点击行的索引
        int bookIndex = bookInfoDataModelTable.getSelectedRow();
        int bookIndexMax = bookInfoDataModel.getBookList(startRow, endRow).size() - 1;
        if (bookIndex == -1) {
            bookIndex = 0;
        }
        if(bookIndex<=bookIndexMax) {
bookIdField.setText(bookInfoDataModel.getBookId(bookIndex));
bookKindField.setText(bookInfoDataModel.getBookKind(bookIndex));
bookNameField.setText(bookInfoDataModel.getBookName(bookIndex));
bookAuthorField.setText(bookInfoDataModel.getBookAuthor(bookIndex));
bookPublishingField.setText(bookInfoDataModel.getBookPublishing(bookIndex));
bookDateField.setText(bookInfoDataModel.getBookDate(bookIndex));
bookPriceField.setText(bookInfoDataModel.getBookPrice(bookIndex));
bookSellPriceField.setText(bookInfoDataModel.getBookSellPrice(bookIndex));
bookNumField.setText(bookInfoDataModel.getBookNum(bookIndex));
bookIntroductionArea.setText(bookInfoDataModel.getBookIntroduction(bookIndex));
        }
    }


}
```

5.5.3 消费者购买图书界面

消费者在查看某图书详细信息后，可点击"购买此书"按钮购买图书。消费者购买图书界面如图 5.4 所示。

图 5.4 消费者购买图书界面

本界面采用空布局显示图书详细信息，并通过按钮事件获取用户输入后执行相应 SQL 语句。具体代码如下：

```java
import java.awt.*;
import java.sql.*;
import java.util.*;
import javax.swing.*;

public class buyBook extends JDialog{
    private JDialog buyBookDialog;
    private int buyBookId;
    private JButton buyButton;
    //图书名称
    private JLabel buyBookNameLabel;
    private JTextField buyBookNameField;
    //图书种类
    private JLabel buyBookKindLabel;
    private JTextField buyBookKindField;
    //图书作者
    private JLabel buyBookAuthorLabel;
    private JTextField buyBookAuthorField;
    //出版公司
```

private JLabel buyBookPublishingLabel;

private JTextField buyBookPublishingField;

//发行日期

private JLabel buyBookDateLabel;

private JTextField buyBookDateField;

//售价

private JLabel buyBookSellPriceLabel;

private JTextField buyBookSellPriceField;

//库存

private JLabel buyBookNumLabel;

private JTextField buyBookNumField;

//内容简介

private JLabel buyBookIntroductionLabel;

private JTextArea buyBookIntroductionArea;

buyBook(JFrame bookInfoFrame, String line, **final** String username){

    buyBookDialog = **new** JDialog(bookInfoFrame, "图书购买", **true**);

    //获取屏幕宽高

    int w = Toolkit.*getDefaultToolkit*().getScreenSize().width;

    int h = Toolkit.*getDefaultToolkit*().getScreenSize().height;

    buyBookDialog.setBounds(100, 400, 300, 400);

    buyBookDialog.setLayout(**null**);

    buyButton = **new** JButton("购买此书");

    buyBookNameLabel = **new** JLabel("图书名称");

    buyBookNameField = **new** JTextField();

    buyBookKindLabel = **new** JLabel("图书种类");

    buyBookKindField = **new** JTextField();

    buyBookAuthorLabel = **new** JLabel("图书作者");

    buyBookAuthorField = **new** JTextField();

    buyBookPublishingLabel = **new** JLabel("出版公司");

    buyBookPublishingField = **new** JTextField();

    buyBookDateLabel = **new** JLabel("发行日期");

    buyBookDateField = **new** JTextField();

    buyBookSellPriceField = **new** JTextField();

    buyBookNumLabel = **new** JLabel("库存数量");

    buyBookNumField = **new** JTextField();

    buyBookIntroductionLabel = **new** JLabel("简　介");

    buyBookIntroductionArea = **new** JTextArea();

    buyBookDialog.add(buyButton);

    buyBookDialog.add(buyBookNameLabel);

    buyBookDialog.add(buyBookNameField);

    buyBookDialog.add(buyBookKindLabel);

    buyBookDialog.add(buyBookKindField);

```
buyBookDialog.add(buyBookAuthorLabel);
buyBookDialog.add(buyBookAuthorField);
buyBookDialog.add(buyBookPublishingLabel);
buyBookDialog.add(buyBookPublishingField);
buyBookDialog.add(buyBookDateLabel);
buyBookDialog.add(buyBookDateField);
buyBookDialog.add(buyBookSellPriceField);
buyBookDialog.add(buyBookNumLabel);
buyBookDialog.add(buyBookNumField);
buyBookDialog.add(buyBookIntroductionLabel);
buyBookDialog.add(buyBookIntroductionArea);
buyButton.setBounds(190, 10, 100, 40);
buyBookNameLabel.setBounds(10, 10, 60, 30);
buyBookNameField.setBounds(70, 10, 120, 30);
buyBookKindLabel.setBounds(10, 40, 60, 30);
buyBookKindField.setBounds(70, 40, 120, 30);
buyBookAuthorLabel.setBounds(10, 70, 60, 30);
buyBookAuthorField.setBounds(70, 70, 120, 30);
buyBookPublishingLabel.setBounds(10, 100, 60, 30);
buyBookPublishingField.setBounds(70, 100, 120, 30);
buyBookDateLabel.setBounds(10, 130, 60, 30);
buyBookDateField.setBounds(70, 130, 120, 30);
buyBookNumLabel.setBounds(10, 160, 60, 30);
buyBookNumField.setBounds(70, 160, 120, 30);
buyBookSellPriceField.setBounds(190, 160, 100, 30);
buyBookIntroductionLabel.setBounds(10, 190, 60, 30);
buyBookIntroductionArea.setBounds(70, 190, 220, 180);
buyBookNameField.setEditable(false);
buyBookKindField.setEditable(false);
buyBookAuthorField.setEditable(false);
buyBookPublishingField.setEditable(false);
buyBookDateField.setEditable(false);
buyBookNumField.setEditable(false);
buyBookSellPriceField.setEditable(false);
buyBookIntroductionArea.setEditable(false);
final JLabel payMethodLabel = new JLabel("付款方式");
final JLabel sendMethodLabel = new JLabel("发货方式");
final Choice payMethod = new Choice();
payMethod.add("支付宝支付");
payMethod.add("微信支付");
payMethod.add("银行卡支付");
final Choice sendMethod = new Choice();
sendMethod.add("顺丰快递");
```

```
sendMethod.add("申通快递");
sendMethod.add("中通快递");
sendMethod.add("韵达快递");
sendMethod.add("天天快递");
sendMethod.add("上门自取");
buyBookDialog.add(payMethodLabel);
buyBookDialog.add(payMethod);
buyBookDialog.add(sendMethodLabel);
buyBookDialog.add(sendMethod);
payMethodLabel.setBounds(210, 60, 100, 20);
payMethod.setBounds(190, 80, 100, 30);
sendMethodLabel.setBounds(210, 110, 100, 20);
sendMethod.setBounds(190, 130, 100, 20);
//解析数据
String datas[] = line.split("#");
/*
 * 0.图书编号
 * 1.图书种类
 * 2.图书名称
 * 3.作者
 * 4.出版社
 * 5.发行日期
 * 6.图书简介
 * 7.售价
 * 8.库存剩余
 */
buyBookId = Integer.parseInt(datas[0]);
buyBookKindField.setText(datas[1]);
buyBookNameField.setText(datas[2]);
buyBookAuthorField.setText(datas[3]);
buyBookPublishingField.setText(datas[4]);
buyBookDateField.setText(datas[5]);
buyBookIntroductionArea.setText(datas[6]);
buyBookSellPriceField.setText(datas[7]);
buyBookNumField.setText(datas[8]);
buyButton.addActionListener(new ActionListener() {
    @Override
    public void actionPerformed(ActionEvent arg0) {
        try {
            String sql;
            ResultSet rs;
            SQL javaSQL = new SQL();
            Connection con = javaSQL.loadConnection();
```

```
                    Statement stmt = javaSQL.loadStatement();
                    sql = new String("UPDATE BookState SET bookNum = "+
(Integer.parseInt(buyBookNumField.getText())-1)+" WHERE bookId = "+buyBookId);
                    stmt.executeUpdate(sql);
                    sql = new String("select buyId from BookSell");
                    rs = stmt.executeQuery(sql);
                    int buyId = 1;
                    while(rs.next()) {
                        buyId++;
                    }
                    sql = new String("insert into BookSell (buyId, buyMethod, sendMethod, bookId)
values ("+buyId+", '"+payMethod.getSelectedItem()+"', '"+sendMethod.getSelectedItem()+"', "+buyBookId+")");
                    stmt.executeUpdate(sql);
                    sql = new String("select phone, username from BuyerInfo");
                    rs = stmt.executeQuery(sql);
                    String phone = null;
                    while(rs.next()) {
                        if (username.equals(rs.getString("username"))) {
                            phone = rs.getString("phone");
                            break;
                        }
                    }
                    sql = new String("insert into BookBuyer (buyId, phone) values ("+buyId+",
'"+phone+"')");
                    stmt.executeUpdate(sql);
                    JOptionPane.showMessageDialog(null,"         您         购         买
《"+buyBookNameField.getText()+"》", "成功！", JOptionPane.YES_NO_OPTION);
                    stmt.close();
                    con.close();
                    buyBookDialog.dispose();
                } catch (SQLException e) {
                    System.out.println("新图书 MySQL 数据库连接失败");
                }
            }
        });
        buyBookDialog.setVisible(true);
    }

    public void buyBookDialogRemove() {
        buyBookDialog.dispose();
    }
}
```

5.6　拓展练习

在系统中加入消费者对图书进行评价的功能，根据评价自动确定图书的星级，另外设计根据星级排序及根据用户喜好进行推荐的功能，方便用户选择合适的图书。

任务六　办公室日常管理系统

6.1　任务描述

随着社会及企业的发展，职工数量的增加，人员的不断流动，广大企业和个人更加希望能够方便快捷地查询到办公中的各种信息。而传统的人工记录文件的方式查询起来相当繁琐，得到的信息也不够准确，已经渐渐不能满足现代化办公的要求。办公室日常管理信息系统是一个功能比较全面的信息管理系统，具有界面友好、易于操作、高效迅速、反馈信息完整等特点，可以满足大部分企业对办公室日常信息管理的需求。

本任务以办公室日常管理信息系统为背景，开发具有文件信息管理、考勤信息管理、会议记录管理、通知公告管理等功能的软件系统。通过该系统，能够帮助各企业单位提高办公室日常办公效率，并帮助减少在工作中可能出现的错误，为客户提供更好的服务。

6.2　需求分析

本系统的用户主要是各企业办公室相关业务的员工和计算机系统管理员，因此系统应包含以下主要功能：

1. 用户登录

登录功能是进入系统必须经过的验证过程，其主要功能是验证使用者的身份，确认使用者的权限，从而在使用软件过程中能安全地控制系统数据，即不同的用户有不同的权限，每个使用人员不得跨越其权限操作软件，可以避免不必要的数据丢失事件发生。

2. 系统信息管理

计算机系统管理员所需要的主要功能，包括管理系统信息，对各部门人员、权限进行管理等。

3. 文件信息管理

本功能主要是对办公室内的各类文件进行管理。管理文件时需要建立办公室文件信息库，并录入原始的文件信息。当有新的文件需要添加或者需要对已有的文件信息进行修改、删除时，用户可在系统中执行相应的操作。另外还需要为用户提供查询功能以获取所需文件的详细信息。

4. 考勤信息管理

本功能主要是实现对员工日常出勤情况的记录。需要记录所有员工在各工作日时段内的请假、迟到、早退、旷工等情况。需要提供新考勤信息的录入，已有考勤信息的编辑、删除操作，以及对所有考勤情况的查询功能。

5. 会议记录管理

本功能主要完成对各类会议情况的记录工作。用户根据相应的会议记录来设置相应的会议记录详细信息。需要提供新会议记录的录入，已有会议信息的编辑、删除操作，以及对所有会议记录的查询功能。

6. 通知公告管理

本功能主要完成对办公相关的各类通知公告信息的管理工作。需要提供新通知公告发布时的信息录入，对已有通知公告信息的编辑，对已过期的通知公告信息的删除操作，以及对所有通知公告信息的查询功能。

6.3 功能结构设计

根据前述需求分析，得出系统应包含以下功能模块，如图6.1所示。

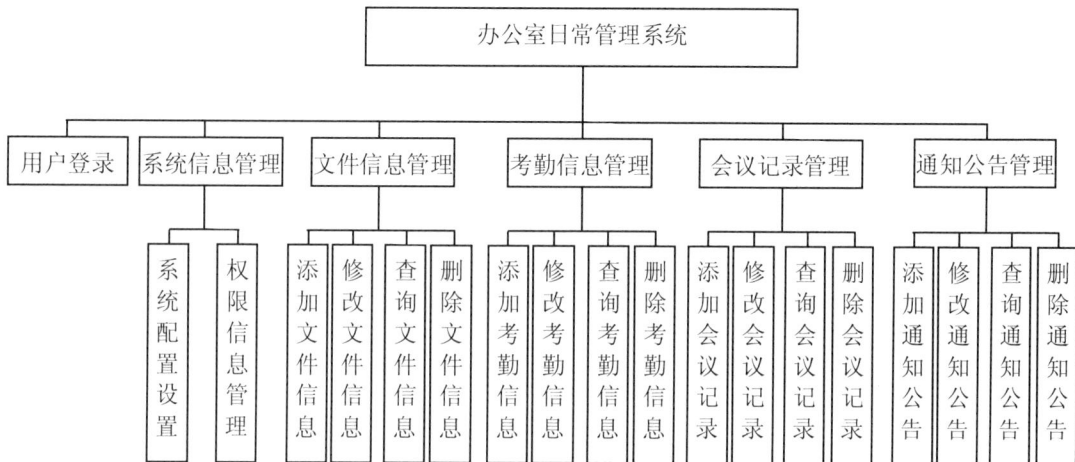

图 6.1 办公室日常管理系统模块结构图

1. 用户登录

输入数据为用户名和密码。点击"确定"按钮后，若用户名、密码正确则根据用户角色提供相应信息界面，否则提示登录失败；点击"取消"按钮后退出系统。

2. 系统信息管理模块

（1）系统配置设置。

输入数据为数据库服务器地址、数据库连接用户名、数据库连接密码。点击"确定"按钮保存设置；点击"取消"按钮退出界面。

（2）权限信息管理。

通过列表显示所有员工的用户名、密码、部门等信息，提供增加、删除、修改相应信息的功能。各部门员工只能查询、管理本部门的信息。

3. 文件信息管理功能模块

（1）添加文件信息。

对新加入的文件提供其各项信息的录入，包括文件的编号、分类、名称、存放位置、记录员等。

（2）修改文件信息。

对现有的文件提供对其各项信息的修改，包括文件的分类、名称、存放位置、记录员等。

（3）查询文件信息。

根据名称、分类列表显示相关文件的全部信息，包括编号、分类、名称、存放位置、记录员等。点击后打开相应文件，并提供删除相应文件的入口。

（4）删除文件信息。

对已经不再使用的文件提供删除功能，提示文件名称、记录员，并要求用户确认后再执行删除操作。

4. 考勤信息管理功能模块

（1）添加考勤信息。

根据工作日考勤情况提供相关各项信息的录入，包括员工号、考勤开始时间、考勤结束时间、考勤标记等。

（2）修改考勤信息。

对已经录入的考勤信息提供对考勤标记内容的修改。

（3）查询考勤信息。

根据员工号、考勤开始时间显示相关考勤记录的全部信息，包括员工号、考勤开始时间、考勤结束时间、考勤标记等，并提供删除考勤记录的入口。

（4）删除考勤信息。

对已经离职的员工，需提供删除其考勤信息的功能，提示员工编号、姓名，并要求用户确认后再执行删除操作。

5. 会议记录管理功能模块

（1）添加会议记录。

对新产生的会议记录提供其各项信息的录入，包括会议记录的编号、时间、内容、参会人、记录人等。

（2）修改会议记录。

对现有的会议记录提供对其各项信息的修改，包括时间、内容、参会人、记录人等。

（3）查询会议记录。

根据时间、参会人、记录人列表显示相关会议记录的全部信息，包括编号、时间、参会人、记录人等。点击后显示相应会议记录详细内容，并提供删除相应会议记录的入口。

（4）删除会议记录。

对已经不再需要的会议记录提供删除功能，提示时间、参会人，并要求用户确认后再执行删除操作。

6. 通知公告管理功能模块

（1）添加通知公告。

对新加入的通知公告提供其各项信息的录入，包括通知公告的编号、内容、时间、通知人等。

（2）修改通知公告。

对现有的通知公告提供对其各项信息的修改，包括通知公告的内容、时间、通知人等。

（3）查询通知公告。

根据时间、通知人列表显示相关通知公告的全部信息，包括编号、内容、时间、通知人等。点击后显示相应通知公告内容，并提供删除相应通知公告的入口。

（4）删除通知公告。

对已经过期的通知公告提供删除功能，提示时间、通知人，并要求用户确认后再执行删除操作。

6.4　数据库设计

6.4.1　E-R 图

系统主要 E-R 图如图 6.2所示。

系统主要包含五类实体：

（1）员工：作为系统的重要实体之一，员工具有最多的属性，系统中的所有功能都是围绕其展开的，对于其属性的识别要严格参照功能需求，所有需要录入的信息都应仔细识别是否应作为属性添加到 E-R 图中。

（2）文件、考勤信息、通知公告、会议记录：这四类实体可以归为一大类，都是办公室日常管理中所要处理的事务对象。它们与员工之间都是一对多的关系，即每名员工可以负责多个文件，每个文件只能被一名员工负责；每名员工可以产生多项考勤记录，每项考勤记录只对应一名员工；每名员工可以发布多条通知公告，每条通知公告只有一个发布人；每名员工可以负责多项会议记录，每项会议记录只有一名记录人。

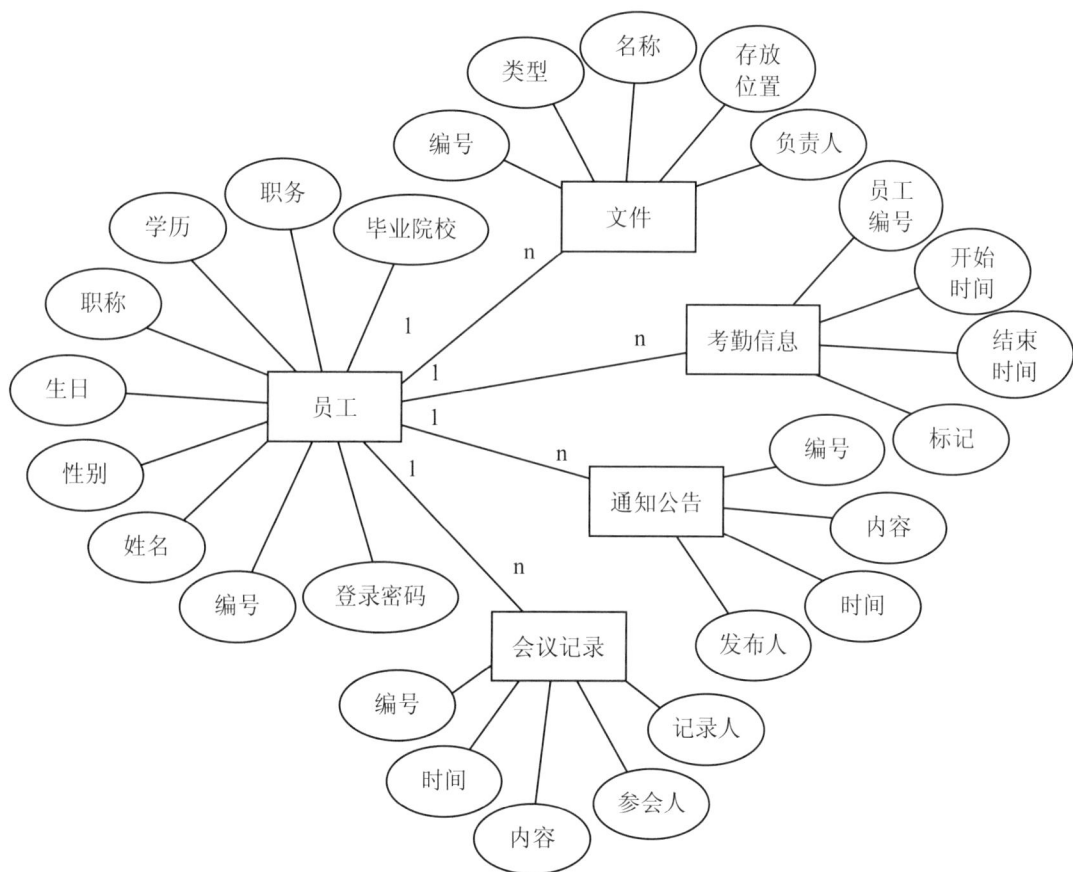

图 6.2　系统主要 E-R 图

6.4.2 数据库表设计

根据前述 E-R 图设计出系统具有如下表结构，其中，员工信息表如表 6.1 所示。

表 6.1　员工信息表

编号	字段名称	数据类型	说明
1	编号	int	主键、自增
2	登录密码	varchar(20)	
3	姓名	varchar(20)	
4	性别	int	性别（0—男，1—女）
5	生日	date	
6	学历	varchar(10)	
7	职务	varchar(10)	
8	职称	varchar(10)	
9	毕业院校	varchar(20)	

员工信息表与员工实体相对应，包含其所有属性。其中编号字段应设为主键并自增，以保持数据完整性。学历、职务、职称字段也可使用 int 型数据，用整型数表示，但需在程序中作数字与文字的转换。

文件信息表如表 6.2 所示。

表 6.2　文件信息表

编号	字段名称	数据类型	说明
1	编号	int	主键、自增
2	类型	varchar(10)	
3	名称	varchar(20)	
4	存放位置	varchar(50)	
5	负责人	int	外键

文件信息表与文件实体相对应，包含其所有属性。其中编号字段应设为主键并自增，以保持数据完整性。负责人字段作为外键与员工信息表关联，用以表示负责维护该文件信息的员工。

考勤信息表如表 6.3 所示。

表 6.3　考勤信息表

编号	字段名称	数据类型	说明
1	编号	int	自增
2	员工编号	int	联合主键、外键
3	开始时间	datetime	联合主键
4	结束时间	datetime	联合主键
5	标记	varchar(20)	

考勤信息表与部门实体相对应，包含其所有属性。其中员工编号、开始时间、结束时间字段应设为联合主键，以保持数据完整性。同时员工编号字段还作为外键与员工信息表关联，用以表示考勤信息所属的员工。另外，为管理方便，考勤信息表中还可添加编号字段，并设为自增。

通知公告信息表如表 6.4 所示。

表 6.4　通知公告信息表

编号	字段名称	数据类型	说明
1	编号	int	主键、自增
2	内容	varchar(500)	
3	时间	datetime	
4	发布人	int	外键

通知公告信息表与通知公告实体相对应，包含其所有属性。其中编号字段应设为主键并自增，以保持数据完整性。发布人字段作为外键与员工信息表关联，用以表示发布该通知公告的员工。

会议记录信息表如表 6.5 所示。

表 6.5　会议记录信息表

编号	字段名称	数据类型	说明
1	编号	int	主键、自增
2	内容	varchar(500)	
3	时间	datetime	
4	参会人	varchar(50)	
5	记录人	int	外键

会议记录信息表与会议记录实体相对应，包含其所有属性。其中编号字段应设为主键并自增，以保持数据完整性。记录人字段作为外键与员工信息表关联，用以表示负责该会议记录的员工。

管理员信息表如表 6.6 所示。

表 6.6　管理员信息表

编号	字段名称	数据类型	说明
1	用户名	varchar(20)	主键
2	密码	varchar(20)	
3	管理类别	varchar(20)	所管理信息的类别

管理员信息表与管理员实体相对应，包含其所有属性。其中用户名字段应设为主键，以保持数据完整性。管理类别字段也可使用 int 型数据，用整型数表示，但需在程序中作数字与文字的转换。

6.4.3 数据库构建

数据库在 SQL Server 2008 数据库环境下构建，SQL 脚本代码如下，该代码包含了表、主键、外键关系、触发器等元素。为方便读者阅读，所有表名、字段名等名称都使用了中文，读者自行练习时应将其改为英文。

```
--建表
CREATE TABLE [dbo].[员工信息表](
        [编号] [int] IDENTITY(1,1) NOT NULL, --自增
        [登录密码] [varchar](20) NOT NULL,
        [姓名] [varchar](20) NOT NULL,
        [性别] [int] NOT NULL,
        [生日] [date] NOT NULL,
        [学历] [varchar](10) NOT NULL,
        [职务] [varchar](10) NULL,
        [职称] [varchar](10) NULL,
        [毕业院校] [varchar](20) NULL,
CONSTRAINT [PK_员工信息表] PRIMARY KEY CLUSTERED
(
        [编号] ASC
)WITH
(PAD_INDEX=OFF,STATISTICS_NORECOMPUTE=OFF,IGNORE_DUP_KEY=OFF,ALLOW_RO
W_LOCKS=ON,ALLOW_PAGE_LOCKS=ON)ON [PRIMARY]
)ON [PRIMARY]


--建表
CREATE TABLE [dbo].[文件信息表](
        [编号] [int] IDENTITY(1,1) NOT NULL, --自增
        [类型] [varchar](10) NOT NULL,
        [名称] [varchar](20) NOT NULL,
        [存放位置] [varchar](50) NOT NULL,
        [负责人] [int] NOT NULL,
CONSTRAINT [PK_文件信息表] PRIMARY KEY CLUSTERED
(
        [编号] ASC
)WITH
(PAD_INDEX=OFF,STATISTICS_NORECOMPUTE=OFF,IGNORE_DUP_KEY=OFF,ALLOW_RO
W_LOCKS=ON,ALLOW_PAGE_LOCKS=ON)ON [PRIMARY]
)ON [PRIMARY]


--建立外键关系
ALTER TABLE [dbo].[文件信息表] WITH CHECK ADD CONSTRAINT [FK_文件信息表_员工信息
表] FOREIGN KEY([负责人])
```

REFERENCES [dbo].[员工信息表]([编号])

ALTER TABLE [dbo].[文件信息表] CHECK CONSTRAINT [FK_文件信息表_员工信息表]

--建表

CREATE TABLE [dbo].[考勤信息表](

    [编号] [int] IDENTITY(1,1) NOT NULL, --自增

    [员工编号] [int] NOT NULL,

    [开始时间] [datetime] NOT NULL,

    [结束时间] [datetime] NOT NULL,

    [标记] [varchar](20) NOT NULL,

CONSTRAINT [PK_考勤信息表] PRIMARY KEY CLUSTERED--联合主键

(

    [员工编号] ASC,

    [开始时间] ASC,

    [结束时间] ASC

)WITH

(PAD_INDEX=OFF,STATISTICS_NORECOMPUTE=OFF,IGNORE_DUP_KEY=OFF,ALLOW_RO
W_LOCKS=ON,ALLOW_PAGE_LOCKS=ON)ON [PRIMARY]

)ON [PRIMARY]

--建立外键关系

ALTER TABLE [dbo].[考勤信息表] WITH CHECK ADD CONSTRAINT [FK_考勤信息表_员工信息
表] FOREIGN KEY([员工编号])

REFERENCES [dbo].[员工信息表]([编号])

ALTER TABLE [dbo].[考勤信息表] CHECK CONSTRAINT [FK_考勤信息表_员工信息表]

--建表

CREATE TABLE [dbo].[通知公告信息表](

    [编号] [int] IDENTITY(1,1) NOT NULL, --自增

    [内容] [varchar](500) NOT NULL,

    [时间] [datetime] NOT NULL,

    [发布人] [int] NOT NULL,

CONSTRAINT [PK_通知公告信息表] PRIMARY KEY CLUSTERED

(

    [编号] ASC

)WITH

(PAD_INDEX=OFF,STATISTICS_NORECOMPUTE=OFF,IGNORE_DUP_KEY=OFF,ALLOW_RO
W_LOCKS=ON,ALLOW_PAGE_LOCKS=ON)ON [PRIMARY]

)ON [PRIMARY]

--建立外键关系

ALTER TABLE [dbo].[通知公告信息表] WITH CHECK ADD CONSTRAINT [FK_通知公告信息表_
员工信息表] FOREIGN KEY([发布人])

REFERENCES [dbo].[员工信息表]([编号])
ALTER TABLE [dbo].[通知公告信息表] CHECK CONSTRAINT [FK_通知公告信息表_员工信息表]

--建表
CREATE TABLE [dbo].[会议记录信息表](
    [编号] [int] IDENTITY(1,1) NOT NULL, --自增
    [内容] [varchar](500) NOT NULL,
    [时间] [datetime] NOT NULL,
    [参会人] [varchar](50) NOT NULL,
    [记录人] [int] NOT NULL,
CONSTRAINT [PK_会议记录信息表] PRIMARY KEY CLUSTERED
(
    [编号] ASC
)WITH
(PAD_INDEX=OFF,STATISTICS_NORECOMPUTE=OFF,IGNORE_DUP_KEY=OFF,ALLOW_RO
W_LOCKS=ON,ALLOW_PAGE_LOCKS=ON)ON [PRIMARY]
)ON [PRIMARY]

--建立外键关系
ALTER TABLE [dbo].[会议记录信息表] WITH CHECK ADD CONSTRAINT [FK_会议记录信息表_
员工信息表] FOREIGN KEY([记录人])
REFERENCES [dbo].[员工信息表]([编号])
ALTER TABLE [dbo].[会议记录信息表] CHECK CONSTRAINT [FK_会议记录信息表_员工信息表]

--建表
CREATE TABLE [dbo].[管理员信息表](
    [用户名] [varchar](20) NOT NULL,
    [密码] [varchar](20) NOT NULL,
    [管理类别] [varchar](20) NOT NULL,
CONSTRAINT [PK_管理员信息表] PRIMARY KEY CLUSTERED
(
    [用户名] ASC
)WITH
(PAD_INDEX=OFF,STATISTICS_NORECOMPUTE=OFF,IGNORE_DUP_KEY=OFF,ALLOW_RO
W_LOCKS=ON,ALLOW_PAGE_LOCKS=ON)ON [PRIMARY]
)ON [PRIMARY]

--建立触发器，当从员工信息表中删除数据时，自动删除考勤信息表中该员工对应的考勤信息
CREATE TRIGGER [dbo].[删除员工触发器]
ON [dbo].[员工信息表]
AFTER DELETE
AS
BEGIN

```
SET NOCOUNT ON;
DECLARE @编号 int
SELECT @编号=编号
FROM deleted
DELETE FROM dbo.考勤信息表
WHERE 员工编号=@编号
END
```

6.5　关键代码示例

本系统功能较为简单，主要是针对数据库中不同数据表的增、删、改、查操作，不涉及特别复杂的业务逻辑与表关联，故采用命令控制台界面实现系统功能。使用 System.out.println() 方法显示所有管理界面所需的表头及各菜单选项，用户输入有效选项后根据 if 语句的控制逻辑显示下一级菜单项或具体功能界面，根据用户输入进行数据库的相关操作。

```java
import java.sql.*;
import java.io.*;
public class OA {
// 表头模块
    public static void wj() {
        System.out.println("文件编号" + "\t 文件名称" + "\t 文件类型" + "\t 存储位置");
    }

    public static void kq() {
        System.out.println("员工编号" + "\t 姓名" + "\t\t 性别" + "\t 时间" + "\t 出勤情况");
    }

    public static void gg() {
        System.out.println("公告编号" + "\t 公告内容" + "\t 公告时间" + "\t 通知人");
    }

    public static void hy() {
        System.out.println("会议编号" + "\t 会议内容" + "\t 会议时间" + "\t 参会人" + "\t 记录人");
    }

    public static void main(String[] args) {
        try {
            Class.forName("com.mysql.jdbc.Driver"); // 加载 MYSQL JDBC 驱动程序
        } catch (Exception e) {
            System.out.println("JDBC driver failed to load.");
            return;
        }
        try {
```

```java
Connection con = DriverManager.getConnection("jdbc:mysql://localhost:3306/test", "root", "123456");
// 连接 URL 为 jdbc:mysql//服务器地址/数据库名，后面的 2 个参数分别是登录用户名和密码
Statement stmt = con.createStatement(); // 实例化 Statement 对象
int z = 1;
while (z != 0) {
    System.out.println("*************办公室日常管理*******************");
    System.out.println("1.查询        2.插入        3.更新        4.删除");
    System.out.println("*******************************");
    System.out.println("请选择：");
    int x = 0;
    try {
        BufferedReader br = new BufferedReader(new InputStreamReader(System.in));
        // System.in 是用户输入
        // new InputStreamReader(System.in)就是把输入作为参数，构建一个读取数据用的
InputStreamReader 流
        // new BufferedReader(new InputStreamReader(System.in))然后再把刚才构建的流对象做
个包装，包装成 BufferedReader 流
        // BufferedReader br=new BufferedReader(new InputStreamReader(System.in));
        // 最后把它赋值给 br
        x = Integer.parseInt(br.readLine()); // 读取输入流中的一行数据（br）转换成 int 类型，赋
值给 x
    } catch (IOException ex) {
    }
    if (x == 5)
        z = 0;
    if (x == 1) {
        System.out.println("1.文件信息查询 2.考勤信息查询 3.通知公告查询 4.会议记录查询");
        System.out.println("请选择：");
        int i = 0;
        try {
            BufferedReader br = new BufferedReader(new InputStreamReader(System.in));
            i = Integer.parseInt(br.readLine());
        } catch (IOException ex) {
        } // try catch 语句处理异常?
        if (i == 1) {
            ResultSet rs = stmt.executeQuery("select WNo,WName,WType, WPlace from wj");
            // ResultSet，数据库结果集的数据表，通常通过执行查询数据库的语句生成
            // statement 类的 executeQuery()方法来下达 select 指令以查询数据库
            // executeQuery()方法会把数据库响应的查询结果存放在 ResultSet 类对象中供我们使用
            wj()
            while (rs.next()) // 判断结果集 rs 是否有记录，并且将指针后移一位
            {
                int a = rs.getInt("WNo");
```

```
                String b = rs.getString("WName");
                String c = rs.getString("WType");
                String d = rs.getString("WPlace");
                System.out.println(a + "\t" + b + "\t" + c + "\t" + d);
            }
        }
        if (i == 2) {
            ResultSet rs = stmt.executeQuery("select YNo,YName,Sex,YTime,YC from kq");
            kq();
            while (rs.next()) {
                int a = rs.getInt("YNo");
                String b = rs.getString("YName");
                String c = rs.getString("Sex");
                String d = rs.getString("YTime");
                String e = rs.getString("YC");
                System.out.println(a + "\t" + b + "\t\t" + c + "\t" + d + "\t" + e);
            }
        }
        if (i == 3) {
            ResultSet rs = stmt.executeQuery("select GNo,GContent,GTime, GPeople from gg");
            gg();
            while (rs.next()) {
                int a = rs.getInt("GNo");
                String b = rs.getString("GContent");
                String c = rs.getString("GTime");
                String d = rs.getString("GPeople");
                System.out.println(a + "\t" + b + "\t" + c + "\t" + d);
            }
        }
        if (i == 4) {
            ResultSet rs = stmt.executeQuery("select MNo,MTime,MContent, MPeople,MRecorder from hy");
            hy();
            while (rs.next()) {
                int a = rs.getInt("MNo");
                String b = rs.getString("MContent");
                String c = rs.getString("MTime");
                String d = rs.getString("MPeople");
                String e = rs.getString("MRecorder");
                System.out.println(a + "\t" + b + "\t" + c + "\t" + d + "\t" + e);
            }
        }
    }
}
```

```java
if (x == 2) {
    System.out.println("1.文件信息插入    2.考勤信息插入    3  会议记录插入    4.通知公告插入");
    System.out.println("请选择：");
    int m = 0;
    try {
        BufferedReader br = new BufferedReader(new InputStreamReader(System.in));
        m = Integer.parseInt(br.readLine());
    } catch (IOException ex) {
    }
    if (m == 1) {
        String c1 = "", c2 = "", c3 = "", c4 = "";
        System.out.println("输入你要插入的文件编号：");
        try {
            BufferedReader br = new BufferedReader(new InputStreamReader(System.in));
            c1 = br.readLine();
        } catch (IOException ex) {
        }
        System.out.println("c1=" + c1);
        System.out.println("输入你要插入的文件名称：");
        try {
            BufferedReader br = new BufferedReader(new InputStreamReader(System.in));
            c2 = br.readLine();
        } catch (IOException ex) {
        }
        System.out.println("c2=" + c2);
        System.out.println("输入你要插入的文件种类：");
        try {
            BufferedReader br = new BufferedReader(new InputStreamReader(System.in));
            c3 = br.readLine();
        } catch (IOException ex) {
        }
        System.out.println("c3=" + c3);
        System.out.println("输入你要插入的存储位置：");
        try {
            BufferedReader br = new BufferedReader(new InputStreamReader(System.in));
            c4 = br.readLine();
        } catch (IOException ex) {
        }
        System.out.println("c4=" + c4);
        PreparedStatement pstmt2 = con.prepareStatement("insert into wj values(?,?,?,?)");
        // PreparedStatement 是 statemnet 的子类，使用 PrepareStatement 对象执行 sql 时，sql
```

被数据库进行解析和编译，然后被放到命令缓冲区，每当执行同一个 PrepareStatement 对象时，它

就会被解析一次，但不会被再次编译。在缓冲区可以发现预编译的命令，并且可以重用

```java
        pstmt2.setString(1, c1);
        pstmt2.setString(2, c2);
        pstmt2.setString(3, c3);
        pstmt2.setString(4, c4);
        pstmt2.executeUpdate();
        System.out.println("插入成功!");
        pstmt2.close();
    }
    if (m == 2) {
        String c1 = "", c2 = "", c3 = "", c4 = "", c5 = "";
        System.out.println("输入你要插入的员工编号：");
        try {
            BufferedReader br = new BufferedReader(new InputStreamReader(System.in));
            c1 = br.readLine();
        } catch (IOException ex) {
        }
        System.out.println("c1=" + c1);
        System.out.println("输入你要插入的姓名：");
        try {
            BufferedReader br = new BufferedReader(new InputStreamReader(System.in));
            c2 = br.readLine();
        } catch (IOException ex) {
        }
        System.out.println("c2=" + c2);
        System.out.println("输入你要插入的性别：");
        try {
            BufferedReader br = new BufferedReader(new InputStreamReader(System.in));
            c3 = br.readLine();
        } catch (IOException ex) {
        }
        System.out.println("c3=" + c3);
        System.out.println("输入你要插入的时间：");
        try {
            BufferedReader br = new BufferedReader(new InputStreamReader(System.in));
            c4 = br.readLine();
        } catch (IOException ex) {
        }
        System.out.println("c4=" + c4);
        System.out.println("输入你要插入的出勤情况：");
        try {
            BufferedReader br = new BufferedReader(new InputStreamReader(System.in));
            c5 = br.readLine();
```

```
      } catch (IOException ex) {
      }
      System.out.println("c5=" + c5);
      PreparedStatement pstmt2 = con.prepareStatement("insert into kq values(?,?,?,?,?)");
      pstmt2.setString(1, c1);
      pstmt2.setString(2, c2);
      pstmt2.setString(3, c3);
      pstmt2.setString(4, c4);
      pstmt2.setString(5, c5);
      pstmt2.executeUpdate();
      System.out.println("插入成功!");
      pstmt2.close();
  }
  if (m == 3) {
      String c1 = "", c2 = "", c3 = "", c4 = "", c5 = "";
      System.out.println("输入你要插入的会议编号：");
      try {
          BufferedReader br = new BufferedReader(new InputStreamReader(System.in));
          c1 = br.readLine();
      } catch (IOException ex) {
      }
      System.out.println("c1=" + c1);
      System.out.println("输入你要插入的会议时间：");
      try {
          BufferedReader br = new BufferedReader(new InputStreamReader(System.in));
          c2 = br.readLine();
      } catch (IOException ex) {
      }
      System.out.println("c2=" + c2);
      System.out.println("输入你要插入的会议内容：");
      try {
          BufferedReader br = new BufferedReader(new InputStreamReader(System.in));
          c3 = br.readLine();
      } catch (IOException ex) {
      }
      System.out.println("c3=" + c3);
      System.out.println("输入你要插入的参会人：");
      try {
          BufferedReader br = new BufferedReader(new InputStreamReader(System.in));
          c4 = br.readLine();
      } catch (IOException ex) {
      }
      System.out.println("c4=" + c4);
```

```
    System.out.println("输入你要插入的记录人：");
    try {
        BufferedReader br = new BufferedReader(new InputStreamReader(System.in));
        c5 = br.readLine();
    } catch (IOException ex) {
    }
    System.out.println("c5=" + c5);
    PreparedStatement pstmt2 = con.prepareStatement("insert into hy values(?,?,?,?,?)");
    pstmt2.setString(1, c1);
    pstmt2.setString(2, c2);
    pstmt2.setString(3, c3);
    pstmt2.setString(4, c4);
    pstmt2.setString(5, c5);
    pstmt2.executeUpdate();
    System.out.println("插入成功!");
    pstmt2.close();
}
if (m == 4) {
    String c1 = "", c2 = "", c3 = "", c4 = "";
    System.out.println("输入你要插入的公告编号：");
    try {
        BufferedReader br = new BufferedReader(new InputStreamReader(System.in));
        c1 = br.readLine();
    } catch (IOException ex) {
    }
    System.out.println("c1=" + c1);
    System.out.println("输入你要插入的公告内容：");
    try {
        BufferedReader br = new BufferedReader(new InputStreamReader(System.in));
        c2 = br.readLine();
    } catch (IOException ex) {
    }
    System.out.println("c2=" + c2);
    System.out.println("输入你要插入的公告时间：");
    try {
        BufferedReader br = new BufferedReader(new InputStreamReader(System.in));
        c3 = br.readLine();
    } catch (IOException ex) {
    }
    System.out.println("c3=" + c3);
    System.out.println("输入你要插入的通知人：");
    try {
        BufferedReader br = new BufferedReader(new InputStreamReader(System.in));
```

```
                            c4 = br.readLine();
                        } catch (IOException ex) {
                        }
                        System.out.println("c4=" + c4);
                        PreparedStatement pstmt2 = con.prepareStatement("insert into gg values(?,?,?,?)");
                        pstmt2.setString(1, c1);
                        pstmt2.setString(2, c2);
                        pstmt2.setString(3, c3);
                        pstmt2.setString(4, c4);
                        pstmt2.executeUpdate();
                        pstmt2.close();
                        System.out.println("插入成功!");
                    }
                }
                if (x == 3) {
                    System.out.println("1.文件信息修改 2.考勤信息修改 3.会议记录修改 4.通知公告修改");
                    System.out.println("请选择: ");
                    int m = 0;
                    try {
                        BufferedReader br = new BufferedReader(new InputStreamReader(System.in));
                        m = Integer.parseInt(br.readLine());
                    } catch (IOException ex) {
                    }
                    if (m == 1) {
                        String m11 = "";
                        String m13 = "";
                        int m12 = 0;
                        System.out.println("选择你要修改文件的编号: ");
                        try {
                            BufferedReader br = new BufferedReader(new InputStreamReader(System.in));
                            m11 = br.readLine();
                            // read 方法功能: 读取单个字符。返回: 作为一个整数（其范围从 0 到 65535
(0x00-0xffff）读入的字符，如果已到达流末尾，则返回 -1。readLine 方法功能: 读取一个文本行。
通过下列字符之一即可认为某行已终止: 换行 ('\n')、回车 ('\r')或回车后直接跟着换行。 返回: 包
含该行内容的字符串，不包含任何行终止符，如果已到达流末尾，则返回 null
                        } catch (IOException ex) {
                        }
                        PreparedStatement pstmt31 = con.prepareStatement("select * from wj where WNo=?");
                        pstmt31.setString(1, m11);
                        ResultSet rs3 = pstmt31.executeQuery();
                        if (rs3.next()) {
                            System.out.println("输入你要修改的项: 1.文件名称 2.文件种类 3.存储位置");
                            try {
```

```java
        BufferedReader br = new BufferedReader(new InputStreamReader(System.in));
        m12 = Integer.parseInt(br.readLine());
    } catch (IOException ex) {
    }
    if (m12 == 1) {
        System.out.println("输入你修改后的值：");
        try {
            BufferedReader br = new BufferedReader (new InputStreamReader(System.in));
            m13 = br.readLine();
        } catch (IOException ex) {
        }
        pstmt31.close();
        PreparedStatement pstmt3 = con.prepareStatement ("Update wj set WName=? where
WNo=?");

        pstmt3.setString(1, m13);
        pstmt3.setString(2, m11);
        pstmt3.executeUpdate();
        System.out.println("修改成功!");
    }
    if (m12 == 2) {
        System.out.println("输入你修改后的值：");
        try {
            BufferedReader br = new BufferedReader (new InputStreamReader(System.in));
            m13 = br.readLine();
        } catch (IOException ex) {
        }
        pstmt31.close();
        PreparedStatement pstmt3 = con.prepareStatement ("Update wj set WType=? where
WNo=?");

        pstmt3.setString(1, m13);
        pstmt3.setString(2, m11);
        pstmt3.executeUpdate();
        System.out.println("修改成功!");
        rs3.close();
    }
    if (m12 == 3) {
        System.out.println("输入你修改后的值：");
        try {
            BufferedReader br = new BufferedReade r(new InputStreamReader(System.in));
            m13 = br.readLine();
        } catch (IOException ex) {
        }
        pstmt31.close();
```

```java
                    PreparedStatement pstmt3 = con.prepareStatement ("Update wj set WPlace=? where
WNo=?");
                        pstmt3.setString(1, m13);
                        pstmt3.setString(2, m11);
                        pstmt3.executeUpdate();
                        System.out.println("修改成功!");
                        rs3.close();
                    }
                } else {
                    System.out.println("你要更改的项不存在!");
                }
            }
            if (m == 2) {
                String m11 = "";
                String m13 = "";
                int m12 = 0;
                System.out.println("选择你要修改的员工编号：");
                try {
                    BufferedReader br = new BufferedReader(new InputStreamReader(System.in));
                    m11 = br.readLine();
                } catch (IOException ex) {
                }
                PreparedStatement pstmt31 = con.prepareStatement("select * from kq where YNo=?");
                pstmt31.setString(1, m11);
                ResultSet rs3 = pstmt31.executeQuery();
                if (rs3.next()) {
                    System.out.println("输入你要修改的项：1.员工姓名 2.性别 3.时间 4.出勤情况");
                    try {
                        BufferedReader br = new BufferedReader(new InputStreamReader(System.in));
                        m12 = Integer.parseInt(br.readLine());
                    } catch (IOException ex) {
                    }
                    if (m12 == 1) {
                        System.out.println("输入你修改后的值：");
                        try {
                            BufferedReader br = new BufferedReader (new InputStreamReader(System.in));
                            m13 = br.readLine();
                        } catch (IOException ex) {
                        }
                        pstmt31.close();
                        PreparedStatement pstmt3 = con.prepareStatement ("Update kq set YName=? where
YNo=?");
                        pstmt3.setString(1, m13);
```

```
        pstmt3.setString(2, m11);
        pstmt3.executeUpdate();
        System.out.println("修改成功!");
    }
    if (m12 == 2) {
        System.out.println("输入你修改后的值: ");
        try {
            BufferedReader br = new BufferedReader (new InputStreamReader(System.in));
            m13 = br.readLine();
        } catch (IOException ex) {
        }
        pstmt31.close();
        PreparedStatement pstmt3 = con.prepareStatement ("Update kq set Sex=? where
YNo=?");
        pstmt3.setString(1, m13);
        pstmt3.setString(2, m11);
        pstmt3.executeUpdate();
        System.out.println("修改成功!");
        rs3.close();
    }
    if (m12 == 3) {
        System.out.println("输入你修改后的值: ");
        try {
            BufferedReader br = new BufferedReader (new InputStreamReader(System.in));
            m13 = br.readLine();
        } catch (IOException ex) {
        }
        pstmt31.close();
        PreparedStatement pstmt3 = con.prepareStatement ("Update kq set YTime=? where
YNo=?");
        pstmt3.setString(1, m13);
        pstmt3.setString(2, m11);
        pstmt3.executeUpdate();
        System.out.println("修改成功! ");
        rs3.close();
    }
    if (m12 == 4) {
        System.out.println("输入你修改后的值: ");
        try {
            BufferedReader br = new BufferedReader (new InputStreamReader(System.in));
            m13 = br.readLine();
        } catch (IOException ex) {
        }
```

```
                    pstmt31.close();
                    PreparedStatement pstmt3 = con.prepareStatement ("Update kq set YC=? where
YNo=?");

                    pstmt3.setString(1, m13);
                    pstmt3.setString(2, m11);
                    pstmt3.executeUpdate();
                    System.out.println("修改成功！ ");
                    rs3.close();
                }
            } else {
                System.out.println("你要更改的项不存在！ ");
            }
        }
        if (m == 3) {
            String m11 = "";
            String m13 = "";
            int m12 = 0;
            System.out.println("选择你要修改的会议编号： ");
            try {
                BufferedReader br = new BufferedReader(new InputStreamReader(System.in));
                m11 = br.readLine();
            } catch (IOException ex) {
            }
            PreparedStatement pstmt31 = con.prepareStatement("select * from hy where MNo=?");
            pstmt31.setString(1, m11);
            ResultSet rs3 = pstmt31.executeQuery();
            if (rs3.next()) {
                System.out.println("输入你要修改的项：1.会议时间 2.会议内容 3.参会人 4.记录人");
                try {
                    BufferedReader br = new BufferedReader(new InputStreamReader(System.in));
                    m12 = Integer.parseInt(br.readLine());
                } catch (IOException ex) {
                }
                if (m12 == 1) {
                    System.out.println("输入你修改后的值： ");
                    try {
                        BufferedReader br = new BufferedReader (new InputStreamReader(System.in));
                        m13 = br.readLine();
                    } catch (IOException ex) {
                    }
                    pstmt31.close();
                    PreparedStatement pstmt3 = con.prepareStatement ("Update hy set MTime=? where
MNo=?");
```

```
                pstmt3.setString(1, m13);
                pstmt3.setString(2, m11);
                pstmt3.executeUpdate();
                System.out.println("修改成功！");
            }
            if (m12 == 2) {
                System.out.println("输入你修改后的值：");
                try {
                    BufferedReader br = new BufferedReader (new InputStreamReader(System.in));
                    m13 = br.readLine();
                } catch (IOException ex) {
                }
                pstmt31.close();
                PreparedStatement pstmt3 = con.prepareStatement("Update hy set MContent=? where
MNo=?");
                pstmt3.setString(1, m13);
                pstmt3.setString(2, m11);
                pstmt3.executeUpdate();
                System.out.println("修改成功！");
                rs3.close();
            }
            if (m12 == 3) {
                System.out.println("输入你修改后的值：");
                try {
                    BufferedReader br = new BufferedReader (new InputStreamReader(System.in));
                    m13 = br.readLine();
                } catch (IOException ex) {
                }
                pstmt31.close();
                PreparedStatement pstmt3 = con.prepareStatement ("Update hy set MPeople=? where
MNo=?");
                pstmt3.setString(1, m13);
                pstmt3.setString(2, m11);
                pstmt3.executeUpdate();
                System.out.println("修改成功！");
                rs3.close();
            }
            if (m12 == 4) {
                System.out.println("输入你修改后的值：");
                try {
                    BufferedReader br = new BufferedReader (new InputStreamReader(System.in));
                    m13 = br.readLine();
                } catch (IOException ex) {
```

```
                  }
                  pstmt31.close();
                  PreparedStatement pstmt3 = con.prepareStatement("Update hy set MRecorder=? where
MNo=?");

                  pstmt3.setString(1, m13);
                  pstmt3.setString(2, m11);
                  pstmt3.executeUpdate();
                  System.out.println("修改成功！");
                  rs3.close();
                }
              } else {
                System.out.println("你要更改的项不存在！");
              }
          }
          if (m == 4) {
            String m11 = "";
            String m13 = "";
            int m12 = 0;
            System.out.println("选择你要修改的公告编号：");
            try {
              BufferedReader br = new BufferedReader(new InputStreamReader(System.in));
              m11 = br.readLine();
            } catch (IOException ex) {
            }
            PreparedStatement pstmt31 = con.prepareStatement("select * from gg where GNo=?");
            pstmt31.setString(1, m11);
            ResultSet rs3 = pstmt31.executeQuery();
            if (rs3.next()) {
              System.out.println("输入你要修改的项：1.公告内容 2.公告时间 3.通知人");
              try {
                BufferedReader br = new BufferedReader(new InputStreamReader(System.in));
                m12 = Integer.parseInt(br.readLine());
              } catch (IOException ex) {
              }
              if (m12 == 1) {
                System.out.println("输入你修改后的值：");
                try {
                  BufferedReader br = new BufferedReader (new InputStreamReader(System.in));
                  m13 = br.readLine();
                } catch (IOException ex) {
                }
                pstmt31.close();
                PreparedStatement pstmt3 = con.prepareStatement("Update gg set GContent=? where
```

GNo=?");

```
                pstmt3.setString(1, m13);
                pstmt3.setString(2, m11);
                pstmt3.executeUpdate();
                System.out.println("修改成功！");
            }
          if (m12 == 2) {
            System.out.println("输入你修改后的值：");
            try {
              BufferedReader br = new BufferedReader (new InputStreamReader(System.in));
              m13 = br.readLine();
            } catch (IOException ex) {
            }
            pstmt31.close();
            PreparedStatement pstmt3 = con.prepareStatement ("Update gg set GTime=? where
GNo=?");

            pstmt3.setString(1, m13);
            pstmt3.setString(2, m11);
            pstmt3.executeUpdate();
            System.out.println("修改成功！");
            rs3.close();
          }
          if (m12 == 3) {
            System.out.println("输入你修改后的值：");
            try {
              BufferedReader br = new BufferedReader (new InputStreamReader(System.in));
              m13 = br.readLine();
            } catch (IOException ex) {
            }
            pstmt31.close();
            PreparedStatement pstmt3 = con.prepareStatement ("Update gg set GPeople=? where
GNo=?");

            pstmt3.setString(1, m13);
            pstmt3.setString(2, m11);
            pstmt3.executeUpdate();
            System.out.println("修改成功！");
            rs3.close();
          }

        } else {
          System.out.println("你要更改的项不存在！");
        }
      }
```

```
    }
if (x == 4) {
    System.out.println("1.文件信息删除 2.考勤信息删除 3.通知公告删除 4.会议记录删除");
    System.out.println("请选择：");
    int i = 0;
    try {
        BufferedReader br = new BufferedReader(new InputStreamReader(System.in));
        i = Integer.parseInt(br.readLine());
    } catch (IOException ex) {
    }
    if (i == 1) {
        String S1 = "";
        System.out.println("输入你要删除的文件信息表中的文件编号：");
        try {
            BufferedReader br = new BufferedReader(new InputStreamReader(System.in));
            S1 = br.readLine();
        } catch (IOException ex) {
        }
        PreparedStatement pstmt2 = con.prepareStatement("delete from wj where WNo=?");
        pstmt2.setString(1, S1);
        System.out.println(S1);
        pstmt2.executeUpdate(); //执行已发送的预编译的 sql 并返回执行成功的记录的条数
        System.out.println("已删除！");
        pstmt2.close();
    }
    if (i == 2) {
        String S1 = "";
        System.out.println("输入你要删除的考勤信息表的员工编号：");
        try {
            BufferedReader br = new BufferedReader(new InputStreamReader(System.in));
            S1 = br.readLine();
        } catch (IOException ex) {
        }
        PreparedStatement pstmt2 = con.prepareStatement("delete from kq where YNo=?");
        pstmt2.setString(1, S1);
        pstmt2.executeUpdate();
        System.out.println("已删除！");
        pstmt2.close();
    }
    if (i == 3) {
        String S1 = "";
        System.out.println("输入你要删除的通知公告表的公告编号：");
```

```
try {
    BufferedReader br = new BufferedReader(new InputStreamReader(System.in));
    S1 = br.readLine();
} catch (IOException ex) {
}
PreparedStatement pstmt2 = con.prepareStatement("delete from gg where GNo=? ");
pstmt2.setString(1, S1);
pstmt2.executeUpdate();
System.out.println("已删除！ ");
pstmt2.close();
}
if (i == 4) {
    String S1 = "";
    System.out.println("输入你要删除的会议信息表的会议编号： ");
    try {
        BufferedReader br = new BufferedReader(new InputStreamReader(System.in));
        S1 = br.readLine();
    } catch (IOException ex) {
    }
    PreparedStatement pstmt2 = con.prepareStatement("delete from hy where MNo=? ");
    pstmt2.setString(1, S1);
    pstmt2.executeUpdate();
    System.out.println("已删除！ ");
    pstmt2.close();
    }
    }
    }
} catch (Exception e) {
    System.out.println(e);
    }
    }
}
```

6.6　拓展练习

为系统设计灵活的权限管理功能，系统管理员可以设定能够管理多部门文件的用户组，部门管理员可以将本部门的文件共享给指定的其他部门。

任务七　轿车销售信息管理系统

7.1　任务描述

随着科学技术的不断提高，计算机科学日渐成熟，其强大的功能已被人们深刻认识。它已经进入人类社会的各个领域并发挥着越来越重要的作用。作为计算机应用的一部分，使用计算机对汽车销售信息进行管理，具有手工管理所无法比拟的优点。例如，检索迅速、查找方便、可靠性高、存储量大、保密性好、寿命长、成本低等。这些优点能够极大地提高汽车销售管理的效率，也使得企业可以进行科学化、正规化管理。

本任务以轿车销售管理信息系统为背景，帮助汽车销售公司管理其销售信息，实现办公信息化。实现对入库及销售信息的各种查询、增加、删除和编辑操作，以及某辆车信息的检索、汇总。帮助企业利用信息技术及时获取市场信息，挖掘潜在客户，并增强锁定目标客户的能力。

7.2　需求分析

本系统的用户主要是各汽车销售公司的销售管理人员和计算机系统管理员，因此系统应包含以下主要功能：

1. 用户登录

登录功能是进入系统必须经过的验证过程，其主要功能是验证使用者的身份，确认使用者的权限，从而在使用软件过程中能安全地控制系统数据，即不同的工作人员有不同的权限，每个使用人员不得跨越其权限操作软件，可以避免不必要的数据丢失事件发生。

2. 系统信息管理

计算机系统管理员所需要的主要功能，包括管理系统信息，对各部门人员、权限进行管理等。

3. 客户信息管理

客户信息管理是对购车客户的基本资料、消费、积分、优惠政策的管理。通过信息管理，一方面确保客户资料的真实性、完整性，另一方面可以收集客户资料、维护客户关系，带来更多的客户重复消费，实现业绩增长。客户信息管理主要包括客户信息的登录、维护、查询、会员等级变更等。

4. 车辆信息管理

车辆信息管理是指轿车销售公司从分析客户的需求和自身情况入手，对轿车产品组合、定价方法、促销活动，以及资金使用、库存车辆和其他经营性指标进行全面管理，以保证在最佳的时间、将最合适的数量、按正确的价格向客户提供产品，同时达到既定的经济效益指标。因此需要提供对任意车辆信息的添加、修改、删除，做到对车辆促销信息的及时维护。

5．销售信息管理

销售信息管理是为了实现各种组织目标，创造、建立和保持与目标市场之间的有益交换和联系而进行的分析、计划、执行、监督和控制。通过计划、执行、监督及控制企业的销售活动，以达到企业的销售目标。轿车销售公司中的销售管理主要需要对全部销售情况进行监控，以确定各类车辆的销售情况，以及所有客户的购买情况，以方便轿车销售公司对于客户优惠或车辆促销做出及时调整。

7.3　功能结构设计

根据前述需求分析，得出系统应包含以下功能模块，如图7.1所示。

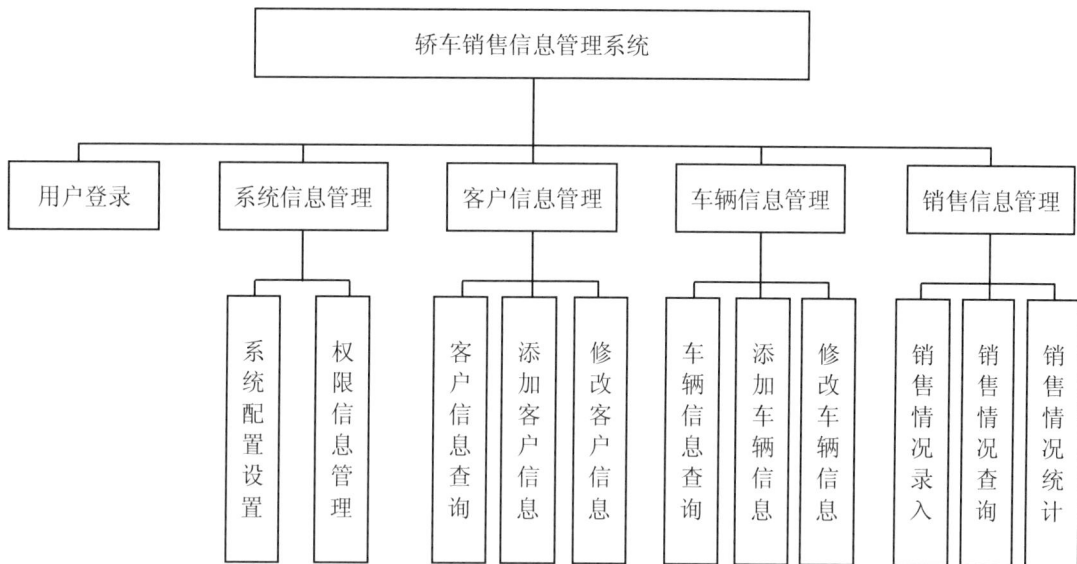

图 7.1　轿车销售信息管理系统模块结构图

1．用户登录

输入数据为员工号和密码。点击"确定"按钮后，若员工号、密码正确则根据员工部门权限提供相应管理界面，否则提示登录失败；点击"取消"按钮后退出系统。

2．系统信息管理模块

（1）系统配置设置。

输入数据为数据库服务器地址、数据库连接用户名、数据库连接密码。点击"确定"按钮保存设置；点击"取消"按钮退出界面。

（2）权限信息管理。

通过列表显示所有员工的用户名、密码、部门等信息，提供增加、删除、修改相应信息的功能。各部门员工只能查询、管理本部门的商品和销售信息。

3．客户信息管理模块

（1）客户信息查询。

列表显示所有客户的基本信息，包括编号、姓名、性别、出生日期、身份证号、联系电话、家庭住址、会员等级。提供按会员等级、年龄段列表显示功能。

（2）添加客户信息。

对新购车的客户提供其各项信息的输入，包括姓名、性别、出生日期、身份证号、联系电话、家庭住址等。

（3）修改客户信息。

对已购车的客户提供其各项信息的修改，包括联系电话、家庭住址、会员等级等。

注意：为保持轿车销售公司的市场占有率、维护公司与客户的关系，在轿车销售管理信息系统中一般不提供删除客户的功能。

4. 车辆信息管理模块

（1）车辆信息查询。

列表显示所有车辆的基本信息，包括编号、品牌、型号、价格、当前折扣。提供按品牌、型号显示的功能。

（2）添加车辆信息。

对新入库的车辆提供其各项信息的输入，包括编号、品牌、型号、价格、保修期、当前折扣、描述信息等。

（3）修改车辆信息。

对轿车销售公司现有车辆提供其各项信息的修改，包括品牌、型号、价格、保修期、当前折扣、描述信息等。

注意：为保持轿车销售公司车辆种类齐全、提高公司竞争力，在轿车销售管理信息系统中对于不再销售的车辆一般不提供删除功能。

5. 销售信息管理模块

（1）销售情况录入。

对新售出的车辆提供销售信息的录入，包括客户编号、车辆编号、订单编号、销售时间、销售总价等。

（2）销售情况查询。

列表显示轿车销售公司所有车辆销售明细情况，提供按照车辆编号、客户编号的精确查询功能，以及按照车辆型号、客户名称的模糊查询功能。

（3）销售情况统计。

提供对销售数据的汇总统计功能，包括：各型号车辆每月的销售情况，提供排序及按照品牌名称的模糊查询；各客户每月的消费情况，提供排序。

7.4 数据库设计

7.4.1 E-R 图

系统主要 E-R 图如图 7.2所示。

系统主要包含三类实体：

（1）客户：作为系统的重要实体之一，客户具有最多的属性，对于其属性的识别要严格参照功能需求，所有需要录入的信息都应仔细识别是否应作为属性添加到 E-R 图中。

（2）车辆：系统中另一极为重要的实体，其属性的识别也应严格按照具体系统录入的需求进行，所有需要录入的信息都应仔细识别是否应作为属性添加到 E-R 图中。

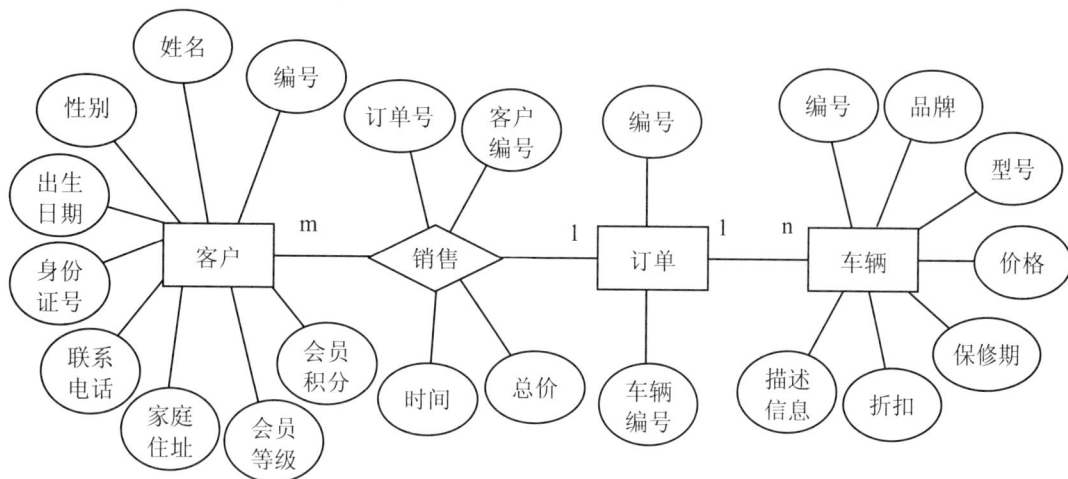

图 7.2　系统主要 E-R 图

（3）订单：在轿车销售管理信息系统中，车辆不是独立存在的，是通过订单与客户的购买行为联系在一起的。每份订单中对应一个订单编号和多个车辆编号，因此订单与车辆之间是一对多的关系。

系统中还应包含一个关系：

销售：作为轿车销售信息管理系统所需要管理的核心内容，销售将客户、订单、车辆串联起来，形成了系统的基础框架。客户可以购买多辆轿车，每一种轿车也可被多个客户购买。可见，客户与车辆之间存在多对多（m:n）的关系。为了拆分这种关系，在客户与车辆之间添加了销售关系，客户在轿车销售公司的一次购车行为即对应一条销售记录。但客户在一次购车行为中仍可能购买多辆轿车，仍然存在数据冗余，因此添加实体订单：客户在一次购车中产生一个订单，每个订单中可包含多辆轿车。这样就将所有关系清楚、条理地展现了出来，并解决了所有可能存在的冗余情况。

另外，系统中还包含轿车销售公司员工实体，较为简单，只包含用户名、密码、所管理的车辆品牌等属性，对重要业务不产生实质影响，故不再赘述。

7.4.2　数据库表设计

根据前述 E-R 图设计出系统具有如下表结构，其中，客户信息表如表 7.1 所示。

表 7.1　客户信息表

编号	字段名称	数据类型	说明
1	编号	int	主键、自增
2	姓名	varchar(20)	
3	性别	int	性别（0—男，1—女）
4	出生日期	date	

编号	字段名称	数据类型	说明
5	身份证号	varchar(20)	
6	联系电话	varchar(20)	
7	家庭住址	varchar(50)	
8	会员等级	varchar(10)	
9	会员积分	float	

客户信息表与客户实体相对应，包含其所有属性。其中编号字段应设为主键并自增，以保持数据完整性。客户等级也可使用 int 型数据，用整型数表示，但需在程序中作数字与文字的转换。

需要注意的是身份证号字段，通过居民身份证号可以唯一标识中国公民身份，具有作为主键的天然优势。但本系统的主要业务是管理在轿车销售公司购车的客户身份，以客户编号作为主键再于其他表进行关联、查询等操作时会更方便。对身份证号唯一性的检验可通过在此字段上另外添加约束来实现。

销售信息表如表 7.2 所示。

表 7.2　销售信息表

编号	字段名称	数据类型	说明
1	编号	int	自增
2	客户编号	int	联合主键、外键
3	订单号	int	联合主键、外键
4	销售时间	datetime	
5	总价	float	

销售信息表与销售关系相对应，包含其所有属性。其中客户编号、订单号字段应设为联合主键，以保持数据完整性。同时客户编号字段还作为外键与客户信息表关联，用以表示销售信息所属的客户。订单号还作为外键与订单信息表关联，用以表示销售信息所对应的订单。由于车辆的价格、折扣等信息经常会发生变动，所以使用总价字段保存本次销售过程中所售车辆价格的总计，并作为历史记录保存。另外，为管理方便，销售信息表中还可添加编号字段，并设为自增。

订单信息表如表 7.3 所示。

表 7.3　订单信息表

编号	字段名称	数据类型	说明
1	编号	int	主键、自增
2	车辆编号	int	外键
3	销售编号	int	外键

订单信息表与订单实体相对应，包含其所有属性。其中编号字段应设为主键并自增，以保持数据完整性。车辆编号为外键与车辆信息表关联，用以表示订单中所包含的车辆。另外，

订单信息表中还可添加销售编号字段，作为外键与销售信息表的销售记录相对应，以便于根据车辆情况查询购买某辆轿车的客户信息，为轿车销售公司的销售数据分析提供支持。

车辆信息表如表 7.4 所示。

表 7.4　车辆信息表

编号	字段名称	数据类型	说明
1	编号	int	主键、自增
2	品牌	varchar(20)	
3	型号	varchar(20)	
4	价格	float	
5	保修期	int	
6	折扣	float	
7	描述信息	varchar(500)	

车辆信息表与车辆实体相对应，包含其所有属性。其中编号字段应设为主键并自增，以保持数据完整性。品牌、型号字段也可使用 int 型数据，用整型数表示，但需在程序中作数字与文字的转换。

员工信息表如表 7.5 所示。

表 7.5　员工信息表

编号	字段名称	数据类型	说明
1	用户名	varchar(20)	主键
2	密码	varchar(20)	
3	管理类别	varchar(20)	管理车辆的品牌、型号

员工信息表与员工实体相对应，包含其所有属性。其中用户名字段应设为主键，以保持数据完整性。管理类别字段也可使用 int 型数据，用整型数表示，但需在程序中作数字与文字的转换。

7.4.3　数据库构建

数据库在 SQL Server 2008 数据库环境下构建，SQL 脚本代码如下，该代码包含了表、主键、外键关系、触发器等元素。为方便读者阅读，所有表名、字段名等名称都使用了中文，读者自行练习时应将其改为英文。

```
--建表
CREATE TABLE [dbo].[客户信息表](
    [编号] [int] IDENTITY(1,1) NOT NULL, --自增
    [姓名] [varchar](20) NOT NULL,
    [性别] [int] NOT NULL,
    [出生日期] [date] NOT NULL,
    [身份证号] [varchar](20) NOT NULL,
```

```
        [联系电话] [varchar](20) NOT NULL,
        [家庭住址] [varchar](50) NULL,
        [会员等级] [varchar](10) NULL,
        [会员积分] [float] NULL,
    CONSTRAINT [PK_客户信息表] PRIMARY KEY CLUSTERED
    (
        [编号] ASC
    )WITH
    (PAD_INDEX=OFF,STATISTICS_NORECOMPUTE=OFF,IGNORE_DUP_KEY=OFF,ALLOW_RO
    W_LOCKS=ON,ALLOW_PAGE_LOCKS=ON)ON [PRIMARY]
    )ON [PRIMARY]


    --建表
    CREATE TABLE [dbo].[销售信息表](
        [编号] [int] IDENTITY(1,1) NOT NULL, --自增
        [客户编号] [int] NOT NULL,
        [订单号] [int] NOT NULL,
        [销售时间] [datetime] NOT NULL,
        [总价] [float] NOT NULL,
    CONSTRAINT [PK_销售信息表] PRIMARY KEY CLUSTERED--联合主键
    (
        [客户编号] ASC
        [订单号] ASC
    )WITH
    (PAD_INDEX=OFF,STATISTICS_NORECOMPUTE=OFF,IGNORE_DUP_KEY=OFF,ALLOW_RO
    W_LOCKS=ON,ALLOW_PAGE_LOCKS=ON)ON [PRIMARY]
    )ON [PRIMARY]


    --建立外键关系
    ALTER TABLE [dbo].[销售信息表] WITH CHECK ADD CONSTRAINT [FK_销售信息表_客户信息
    表] FOREIGN KEY([客户编号])
    REFERENCES [dbo].[客户信息表]([编号])
    ALTER TABLE [dbo].[销售信息表] CHECK CONSTRAINT [FK_销售信息表_客户信息表]


    --建表
    CREATE TABLE [dbo].[订单信息表](
        [编号] [int] IDENTITY(1,1) NOT NULL, --自增
        [车辆编号] [int] NOT NULL,
        [销售编号] [int] NOT NULL,
    CONSTRAINT [PK_订单信息表] PRIMARY KEY CLUSTERED
```

```
(
     [编号] ASC,
)WITH
(PAD_INDEX=OFF,STATISTICS_NORECOMPUTE=OFF,IGNORE_DUP_KEY=OFF,ALLOW_RO
W_LOCKS=ON,ALLOW_PAGE_LOCKS=ON)ON [PRIMARY]
)ON [PRIMARY]


--建立外键关系
ALTER TABLE [dbo].[订单信息表] WITH CHECK ADD CONSTRAINT [FK_订单信息表_车辆信息
表] FOREIGN KEY([车辆编号])
REFERENCES [dbo].[车辆信息表]([编号])
ALTER TABLE [dbo].[订单信息表] CHECK CONSTRAINT [FK_订单信息表_车辆信息表]


ALTER TABLE [dbo].[订单信息表] WITH CHECK ADD CONSTRAINT [FK_订单信息表_销售信息
表] FOREIGN KEY([销售编号])
REFERENCES [dbo].[销售信息表]([编号])
ALTER TABLE [dbo].[订单信息表] CHECK CONSTRAINT [FK_订单信息表_销售信息表]


--建表
CREATE TABLE [dbo].[车辆信息表](
     [编号] [int] IDENTITY(1,1) NOT NULL, --自增
     [品牌] [varchar](20) NOT NULL,
     [型号] [varchar](20) NOT NULL,
     [价格] [float] NOT NULL,
     [保修期] [int] NOT NULL,
     [折扣] [float] NOT NULL,
     [描述信息] [varchar](500) NOT NULL,
CONSTRAINT [PK_车辆信息表] PRIMARY KEY CLUSTERED
(
     [编号] ASC
)WITH
(PAD_INDEX=OFF,STATISTICS_NORECOMPUTE=OFF,IGNORE_DUP_KEY=OFF,ALLOW_RO
W_LOCKS=ON,ALLOW_PAGE_LOCKS=ON)ON [PRIMARY]
)ON [PRIMARY]


--建表
CREATET ABLE [dbo].[员工信息表](
     [用户名] [varchar](20) NOT NULL,
     [密码] [varchar](20) NOT NULL,
     [管理类别] [varchar](20) NOT NULL,
```

```
CONSTRAINT [PK_员工信息表] PRIMARY KEY CLUSTERED
(
    [用户名] ASC,
)WITH
(PAD_INDEX=OFF,STATISTICS_NORECOMPUTE=OFF,IGNORE_DUP_KEY=OFF,ALLOW_RO
W_LOCKS=ON,ALLOW_PAGE_LOCKS=ON)ON [PRIMARY]
)ON [PRIMARY]


--建立触发器，当向销售信息表中添加数据时，自动修改客户信息表中会员的积分
CREATE TRIGGER [dbo].[修改会员积分触发器]
ON [dbo].[销售信息表]
AFTER INSERT
AS
BEGIN
    SET NOCOUNT ON;
    DECLARE @编号 int
    SELECT @编号=客户编号, @增加积分=总价
    FROM inserted
    UPDATE dbo.客户信息表
    SET 会员积分=会员积分+@增加积分
    WHERE 编号=@编号
END
```

7.5　关键代码示例

7.5.1　主功能模块

本模块包含系统的全部主要功能，使用 System.out.println()方法输出各菜单选项，并通过 if 语句控制所有功能间的跳转。即，系统输出菜单后等待用户输入，用户输入有效选项后根据 if 语句的控制逻辑显示下一级菜单项或具体功能界面。系统主界面如图 7.3 所示，选择 1～5 并按"Enter"键进行操作。如选择出错，系统将提出警告，并提醒用户重新进行选择。

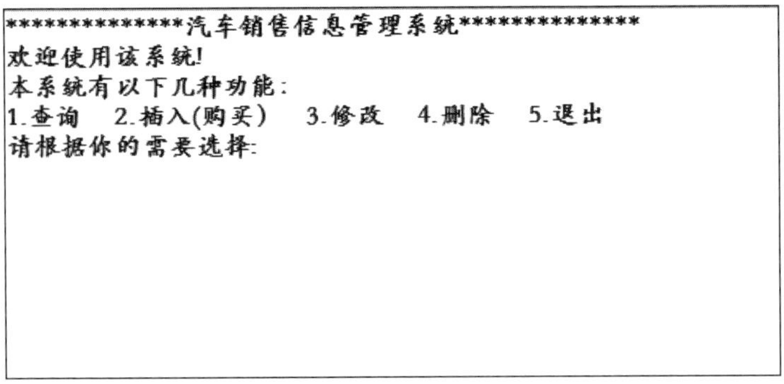

```
**************汽车销售信息管理系统**************
欢迎使用该系统!
本系统有以下几种功能:
1.查询   2.插入(购买)    3.修改   4.删除   5.退出
请根据你的需要选择:
```

图 7.3　系统主界面

如需对车辆信息进行查看，选择 1 按"Enter"键进入选项，再选择 1 按"Enter"键进入该功能，程序显示数据库中所有信息。同样还可以选择 2 或 3，查看客户信息及员工信息，如图 7.4 所示。

```
**************汽车销售信息管理系统**************
欢迎使用该系统!
本系统有以下几种功能:
1.查询   2.插入(购买)   3.修改   4.删除   5.退出
请根据你的需要选择:
1
1.汽车查询   2.顾客查询   3.员工查询   4.销售查询
请选择: 1
汽车编号  汽车种类  汽车颜色  出厂时间   价格
110  一汽 红色 1905-07-03 00:00:00.0    98000
111  广本 蓝色 1905-07-03 00:00:00.0    188000
112  丰田 银色 1905-07-03 00:00:00.0    198000
113  福特 白色 1905-07-03 00:00:00.0    88000
114  大众 红色 1905-07-03 00:00:00.0    128000
115  路虎 红色 2014-03-22 00:00:00.0    345000
116  别克君越 黑色 2014-05-05 00:00:00.0    234560
117  奔驰 蓝色 2014-05-12 00:00:00.0    765480
118  宝马 白色 2014-04-03 00:00:00.0    235626
119  不睡觉 白色 2013-02-03 00:00:00.0    23004
**************汽车销售信息管理系统**************
欢迎使用该系统!
本系统有以下几种功能:
1.查询   2.插入(购买)   3.修改   4.删除   5.退出
请根据你的需要选择:
```

图 7.4　查看车辆信息界面

其他功能选项都可进入相关功能界面，如图 7.5、图 7.6、图 7.7 所示。

```
**************汽车销售信息管理系统**************
欢迎使用该系统!
本系统有以下几种功能:
1.查询   2.插入(购买)   3.修改   4.删除   5.退出
请根据你的需要选择:
2
汽车信息   顾客信息
输入你要插入的汽车编号:
c1=120
输入你要插入的汽车种类:
c2=Ford
输入你要插入的汽车颜色:
c3=蓝色
输入你要插入的出厂时间:
c4=2014-2-4
输入你要插入的汽车价格:
c5=234560
请输入顾客信息:
输入顾客编号:
l1=08
输入顾客姓名:
l2=李娜
输入顾客电话:
l3=15378456650
输入顾客地址:
l4=东大街
输入顾客记录:
l5=购车
```

图 7.5　添加购车信息界面

```
***************汽车销售信息管理系统***************
欢迎使用该系统!
本系统有以下几种功能:
1.查询    2.插入(购买)    3.修改    4.删除    5.退出
请根据你的需要选择:
3
1.汽车信息修改    2.顾客信息修改    3.员工信息修改
请选择:
2
选择你要修改的顾客编号:06
输入你要修改的项:1.顾客姓名    2.顾客电话    3.顾客地址
1
输入你修改后的值:司马露
修改成功!
```

图 7.6　修改信息界面

```
***************汽车销售信息管理系统***************
欢迎使用该系统!
本系统有以下几种功能:
1.查询    2.插入(购买)    3.修改    4.删除    5.退出
请根据你的需要选择:
4
1.汽车信息删除    2.顾客信息删除    3.员工信息删除
请选择:3
输入你要删除车票信息表的员工编号:005
已删除!
```

图 7.7　删除信息界面

系统实现代码如下:

```java
import java.io.*;
import java.sql.*;
import java.util.Scanner;

public class Demo {
    // 抛出数字格式化异常,输入异常和 SQL 异常
    public static void main(String[ ] args) throws NumberFormatException, IOException, SQLException {
        Statement st = DaoCon.getConnection().createStatement();
        int a1 = 1;
        while (a1 != 0) {
            System.out.println("***************汽车销售信息管理系统***************");
            System.out.println("欢迎使用该系统!");
            System.out.println("本系统有以下几种功能:");
            System.out.println("1.查询    2.插入(购买)    3.修改    4.删除    5.退出");
            System.out.print("请根据你的需要选择:\n");
            int x = 0; // 项目选项
            Scanner reader = new Scanner(System.in);
            x = reader.nextInt();
            if (x == 5)
                a1 = 0; // 退出循环
```

```
// 查询
if (x == 1) {
    System.out.println("1.汽车查询       2.顾客查询       3.员工查询       4.销售查询");
    System.out.print("请选择：");
    int m = 0;
    try {
        Scanner input = new Scanner(System.in);
        m = input.nextInt();
    } catch (Exception e) {
    }
    if (m == 1) {
        ResultSet rs = st.executeQuery("select * from Car"); // 执行 SQL 语句
        System.out.println("汽车编号" + "\t汽车种类" + "\t汽车颜色" + "\t出厂时间" + "\t价格");
        while (rs.next()) { // 依次读取
            String a = rs.getString("Cnum"); // 获取指定列的值
            String b = rs.getString("Cbrand");
            String c = rs.getString("Ccolor");
            String d = rs.getString("Ctime");
            String e = rs.getString("Cprice");
            System.out.println(a + "\t" + b + "\t" + c + "\t" + d + "\t" + e + "\t");
        }
    }
    if (m == 2) {
        ResultSet rs = st.executeQuery("select * from Customer"); // 执行 SQL 语句
        System.out.println("顾客编号" + "\t顾客姓名" + "\t顾客电话" + "\t顾客地址" + "\t顾客记录");
        while (rs.next()) { // 依次读取
            String a = rs.getString("Cid"); // 获取指定列的值
            String b = rs.getString("Cname");
            String c = rs.getString("Ctel");
            String d = rs.getString("Cadd");
            String e = rs.getString("Crecord");
            System.out.println(a + "\t" + b + "\t" + c + "\t" + d + "\t" + e + "\t");
        }
    }
    if (m == 3) {
        ResultSet rs = st.executeQuery("select * from Staff");
        System.out.println("员工编号" + "\t汽车编号" + "\t员工姓名" + "\t员工性别" + "\t员工年
龄" + "\t员工籍贯" + "\t员工学历");
        while (rs.next()) {
            String a = rs.getString("Snum");
            String b = rs.getString("Cnum");
            String c = rs.getString("Sname");
            String d = rs.getString("Ssex");
            String e = rs.getString("Sage");
            String f = rs.getString("Sroots");
```

```java
                    String g = rs.getString("Ssli");
                    System.out.println(a + "\t" + b + "\t" + c + "\t" + d + "\t" + e + "\t" + f + "\t" + g + "\t");
                }
            }
            if (m == 4) {
                ResultSet rs = st.executeQuery("select * from Sell"); // 执行 SQL 语句
                System.out.println("汽车编号" + "\t 顾客编号" + "\t 汽车颜色" + "\t 购买时间");
                while (rs.next()) { // 依次读取
                    String a = rs.getString("Cnum"); // 获取指定列的值
                    String b = rs.getString("Cid");
                    String c = rs.getString("Scolor");
                    String d = rs.getString("Sdate");
                    System.out.println(a + "\t" + b + "\t" + c + "\t" + d + "\t");
                }
            }
        }
        // 插入（购买）
        if (x == 2) {
            System.out.println("汽车信息        顾客信息");
            String c1 = ""; // 汽车编号
            String c2 = ""; // 汽车种类
            String c3 = ""; // 汽车颜色
            String c4 = ""; // 出厂时间
            String c5 = ""; // 汽车价格
            System.out.println("输入你要插入的汽车编号： ");
            System.out.print("c1=" + c1);
            try {
                Scanner input = new Scanner(System.in);
                c1 = input.next();
            } catch (Exception ex) {
            } // 抛出输入异常
            System.out.println("输入你要插入的汽车种类： ");
            System.out.print("c2=" + c2);
            try {
                Scanner input = new Scanner(System.in);
                c2 = input.next();
            } catch (Exception ex) {
            }
            System.out.println("输入你要插入的汽车颜色： ");
            System.out.print("c3=" + c3);
            try {
                Scanner input = new Scanner(System.in);
                c3 = input.next();
            } catch (Exception ex) {
            }
```

```
    System.out.println("输入你要插入的出厂时间：");
    System.out.print("c4=" + c4);
    try {
        Scanner input = new Scanner(System.in);
        c4 = input.next();
    } catch (Exception ex) {
    }
    System.out.println("输入你要插入的汽车价格：");
    System.out.print("c5=" + c5);
    try {
        Scanner input = new Scanner(System.in);
        c5 = input.next();
    } catch (Exception ex) {
    }
    // getConnection()建立连接，createStatement()创建一个 Statement 对象将 SQL 语句发送到
数据库
    DaoCon.getConnection().createStatement()
        .executeUpdate("insert into Car(Cnum,Cbrand,Ccolor,Ctime,Cprice) values" + "('" + c1 + "','" + c2
        + "','" + c3 + "','" + c4 + "','" + c5 + "')");
    System.out.println("请输入顾客信息：");
    String l1 = ""; // 顾客编号
    String l2 = ""; // 顾客姓名
    String l3 = ""; // 顾客电话
    String l4 = ""; // 顾客地址
    String l5 = ""; // 顾客记录
    System.out.println("输入顾客编号：");
    System.out.print("l1=" + l1);
    try {
        Scanner input = new Scanner(System.in);
        l1 = input.next();
    } catch (Exception ex) {
    }
    System.out.println("输入顾客姓名：");
    System.out.print("l2=" + l2);
    try {
        Scanner input = new Scanner(System.in);
        l2 = input.next();
    } catch (Exception ex) {
    }
    System.out.println("输入顾客电话：");
    System.out.print("l3=" + l3);
    try {
        Scanner input = new Scanner(System.in);
        l3 = input.next();
    } catch (Exception ex) {
```

```java
        }
        System.out.println("输入顾客地址：");
        System.out.print("l4=" + l4);
        try {
            Scanner input = new Scanner(System.in);
            l4 = input.next();
        } catch (Exception ex) {
        }
        System.out.println("输入顾客记录：");
        System.out.print("l5=" + l5);
        try {
            Scanner input = new Scanner(System.in);
            l5 = input.next();
        } catch (Exception ex) {
        }
        System.out.println("插入成功!");
        DaoCon.getConnection().createStatement()
                .executeUpdate("insert into Customer(Cid,Cname,Ctel,Cadd,Crecord) values" + "('" + l1 + "','"
                        + l2 + "','" + l3 + "','" + l4 + "','" + l5 + "')");
        String s2 = ""; // 颜色
        String s3 = ""; // 时间
        int s1 = 0; // 购买数量
        System.out.println("输入你要购买的数量：");
        try {
            Scanner input = new Scanner(System.in);
            s1 = input.nextInt();
        } catch (Exception ex) {
        }
        System.out.println("输入你要购买的颜色：");
        try {
            Scanner input = new Scanner(System.in);
            s2 = input.next();
        } catch (Exception ex) {
        }
        System.out.println("输入你购买的时间：");
        try {
            Scanner input = new Scanner(System.in);
            s3 = input.next();
        } catch (Exception ex) {
        }
        DaoCon.getConnection().createStatement()
                .executeUpdate("insert into Sell(Cnum,Cid,Scount,Scolor,Sdate) values" + "('" + c1 + "','" + l1
                        + "'," + s1 + ",'" + s2 + "','" + s3 + "')");
} // c1 汽车编号，l1 顾客编号
// 修改
```

```
if (x == 3) {
    System.out.println("1.汽车信息修改      2.顾客信息修改      3.员工信息修改");
    System.out.println("请选择：");
    int m = 0;
    try {
        Scanner input = new Scanner(System.in);
        m = input.nextInt();
    } catch (Exception e) {
    }
    if (m == 1) {
        String m1 = ""; // 汽车编号
        String m2 = ""; // 接着修改的值
        int m3 = 0; // 修改项
        System.out.print("选择你要修改的汽车编号：");
        try {
            Scanner input = new Scanner(System.in);
            m1 = input.next();
        } catch (Exception ex) {
        }
        // PreparedStatement 支持多次执行 SQL 语句，创建对象 ps，允许 SQL 语句可具有一个
或多个 IN 参数，占位符
        PreparedStatement  ps  =  DaoCon.getConnection().prepareStatement ("select * from Car
where Cnum=?");
        ps.setString(1, m1); // 占位符的值和位置
        ResultSet rs = ps.executeQuery();
        if (rs.next()) {
            System.out.println("输入你要修改的项：1.汽车种类      2.汽车颜色      3.汽车价格");
            try {
                Scanner input = new Scanner(System.in);
                m3 = input.nextInt();
            } catch (Exception e) {
            }
            if (m3 == 1) {
                System.out.print("输入你修改后的值：");
                try {
                    Scanner input = new Scanner(System.in);
                    m2 = input.next(); // m2 为汽车种类
                } catch (Exception ex) {
                }
                ps.close();
                PreparedStatement pstmt3 = DaoCon.getConnection()
                    .prepareStatement("Update Car set Cbrand=? where Cnum=?");
                pstmt3.setString(1, m2); // 占位符的位置和占位符的值
                pstmt3.setString(2, m1);
                pstmt3.executeUpdate();
```

```java
                System.out.println("修改成功！");
              }
          if (m3 == 2) {
              System.out.println("输入你修改后的值：");
                try {
                  Scanner input = new Scanner(System.in);
                  m2 = input.next(); // m2 为汽车颜色
                } catch (Exception ex) {
                }
                ps.close();
                PreparedStatement pstmt3 = DaoCon.getConnection()
                     .prepareStatement("Update Car set Ccolor=? where Cnum=?");
                pstmt3.setString(1, m2); // 占位符的位置和占位符的值
                pstmt3.setString(2, m1);
                pstmt3.executeUpdate();
                System.out.println("修改成功！");
                rs.close();
              }
          if (m3 == 3) {
              System.out.println("输入你修改后的值：");
                try {
                  Scanner input = new Scanner(System.in);
                  m2 = input.next(); // m2 为汽车价格
                } catch (Exception ex) {
                }
                ps.close();
                PreparedStatement pstmt3 = DaoCon.getConnection()
                     .prepareStatement("Update Car set Cprice=? where Cnum=?");
                pstmt3.setString(1, m2); // 占位符的位置和占位符的值
                pstmt3.setString(2, m1);
                pstmt3.executeUpdate();
                System.out.println("修改成功!");
                rs.close();
              }
            } else {
              System.out.println("你要更改的项不存在！");
            }
          }
      if (m == 2) {
          String m1 = ""; // 顾客编号
          String m2 = ""; // 接着修改的值
          int m3 = 0; // 修改项
          System.out.print("选择你要修改的顾客编号：");
          try {
            Scanner input = new Scanner(System.in);
```

```java
        m1 = input.next();
    } catch (Exception ex) {
    }
    PreparedStatement ps = DaoCon.getConnection()
            .prepareStatement("select * from Customer where Cid=?");
    ps.setString(1, m1);
    ResultSet rs = ps.executeQuery();
    if (rs.next()) {
        System.out.println("输入你要修改的项：1.顾客姓名        2.顾客电话        3.顾客地址");
        try {
            Scanner input = new Scanner(System.in);
            m3 = input.nextInt();
        } catch (Exception e) {
        }
        if (m3 == 1) {
            System.out.print("输入你修改后的值：");
            try {
                Scanner input = new Scanner(System.in);
                m2 = input.next(); // 顾客姓名
            } catch (Exception ex) {
            }
            ps.close();
            PreparedStatement pstmt3 = DaoCon.getConnection()
                    .prepareStatement("Update Customer set Cname=? where Cid=?");
            pstmt3.setString(1, m2);
            pstmt3.setString(2, m1);
            pstmt3.executeUpdate();
            System.out.println("修改成功！");
        }
        if (m3 == 2) {
            System.out.println("输入你修改后的值：");
            try {
                Scanner input = new Scanner(System.in);
                m2 = input.next(); // 顾客电话
            } catch (Exception ex) {
            }
            ps.close();
            PreparedStatement pstmt3 = DaoCon.getConnection()
                    .prepareStatement("Update Customer set Ctel=? where Cid=?");
            pstmt3.setString(1, m2); // 占位符的位置和占位符的值
            pstmt3.setString(2, m1);
            pstmt3.executeUpdate();
            System.out.println("修改成功！");
            rs.close();
        }
```

```
          if (m3 == 3) {
              System.out.println("输入你修改后的值：");
              try {
                  Scanner input = new Scanner(System.in);
                  m2 = input.next(); // 顾客地址
              } catch (Exception ex) {
              }
              ps.close();
              PreparedStatement pstmt3 = DaoCon.getConnection()
                      .prepareStatement("Update Customer set Cadd=? where Cid=?");
              pstmt3.setString(1, m2); // 占位符的位置和占位符的值
              pstmt3.setString(2, m1);
              pstmt3.executeUpdate();
              System.out.println("修改成功！");
              rs.close();
          }
      } else {
          System.out.println("你要更改的项不存在！");
      }
  }
  if (m == 3) {
      String m11 = ""; // 员工编号
      String m13 = "";
      int m12 = 0;
      System.out.println("选择你要修改的员工编号：");
      try {
          Scanner input = new Scanner(System.in);
          m11 = input.next();
      } catch (Exception ex) {
      }
      PreparedStatement pstmt31 = DaoCon.getConnection()
              .prepareStatement("select * from Staff where Snum=?");
      pstmt31.setString(1, m11);
      ResultSet rs3 = pstmt31.executeQuery();
      if (rs3.next()) {
          System.out.println("输入你要修改的项：1.员工姓名      2.员工性别      3.员工年龄
4.员工籍贯    5.员工学历");
          try {
              Scanner input = new Scanner(System.in);
              m12 = input.nextInt();
          } catch (Exception e) {
          }
          if (m12 == 1) {
              System.out.println("输入你修改后的值：");
              try {
```

```java
            Scanner input = new Scanner(System.in);
            m13 = input.next();
        } catch (Exception ex) {
        }
        pstmt31.close();
        PreparedStatement pstmt3 = DaoCon.getConnection()
            .prepareStatement("Update Staff set Sname=? where Snum=?");
        pstmt3.setString(1, m13); // 占位符的位置和占位符的值
        pstmt3.setString(2, m11);
        pstmt3.executeUpdate();
        System.out.println("修改成功！ ");
    }
    if (m12 == 2) {
        System.out.println("输入你修改后的值： ");
        try {
            Scanner input = new Scanner(System.in);
            m13 = input.next();
        } catch (Exception ex) {
        }
        pstmt31.close();
        PreparedStatement pstmt3 = DaoCon.getConnection()
            .prepareStatement("Update Staff set Ssex=? where Snum=?");
        pstmt3.setString(1, m13); // 占位符的位置和占位符的值
        pstmt3.setString(2, m11);
        pstmt3.executeUpdate();
        System.out.println("修改成功！ ");
        rs3.close();
    }
    if (m12 == 3) {
        System.out.println("输入你修改后的值： ");
        try {
            Scanner input = new Scanner(System.in);
            m13 = input.next();
        } catch (Exception ex) {
        }
        pstmt31.close();
        PreparedStatement pstmt3 = DaoCon.getConnection()
            .prepareStatement("Update Staff set Sage=? where Snum=?");
        pstmt3.setString(1, m13); // 占位符的位置和占位符的值
        pstmt3.setString(2, m11);
        pstmt3.executeUpdate();
        System.out.println("修改成功！ ");
        rs3.close();
    }
    if (m12 == 4) {
```

```
                System.out.println("输入你修改后的值： ");
                try {
                   Scanner input = new Scanner(System.in);
                   m13 = input.next();
                } catch (Exception ex) {
                }
                pstmt31.close();
                PreparedStatement pstmt3 = DaoCon.getConnection()
                       .prepareStatement("Update Staff set Sroots=? where Snum=?");
                pstmt3.setString(1, m13); // 占位符的位置和占位符的值
                pstmt3.setString(2, m11);
                pstmt3.executeUpdate();
                System.out.println("修改成功！ ");
                rs3.close();
             }
             if (m12 == 5) {
                System.out.println("输入你修改后的值： ");
                try {
                   Scanner input = new Scanner(System.in);
                   m13 = input.next();
                } catch (Exception ex) {
                }
                pstmt31.close();
                PreparedStatement pstmt3 = DaoCon.getConnection()
                       .prepareStatement("Update Staff set Ssji=? where Snum=?");
                pstmt3.setString(1, m13); // 占位符的位置和占位符的值
                pstmt3.setString(2, m11);
                pstmt3.executeUpdate();
                System.out.println("修改成功！ ");
                rs3.close();
             } else {
                System.out.println("你要更改的项不存在！ ");
             }
          }
       }
    }
    // 删除
    if (x == 4) {
       System.out.println("1.汽车信息删除          2.顾客信息删除          3.员工信息删除");
       System.out.print("请选择： ");
       int j = 0;
       try {
          Scanner input = new Scanner(System.in);
          j = input.nextInt();
       } catch (Exception e) {
```

```
        }
        if (j == 1) {
            String S1 = ""; // 汽车编号
            System.out.print("输入你要删除的汽车信息表中的汽车编号：");
            try {
                Scanner input = new Scanner(System.in);
                S1 = input.next();
            } catch (Exception ex) {
            }
            // PreparedStatement 支持多次执行 SQL 语句，创建对象 ps
            PreparedStatement ps = DaoCon.getConnection().prepareStatement ("Delete from Car where
Cnum=?");
            // sql 语句不再采用拼接方式，应用占位符问号的方式写 sql 语句
            ps.setString(1, S1); // 对占位符设置值，占位符顺序从 1 开始，占位符的位置和占位符的值
            ps.executeUpdate();
            System.out.println("已删除！");
            ps.close();
        }
        if (j == 2) {
            String S2 = ""; // 顾客编号
            System.out.print("输入你要删除的顾客编号：");
            try {
                Scanner input = new Scanner(System.in);
                S2 = input.next();
            } catch (Exception ex) {
            }
            PreparedStatement ps = DaoCon.getConnection().prepareStatement ("Delete from Customer
where Cid=?");
            ps.setString(1, S2);
            ps.executeUpdate();
            System.out.println("已删除！");
            ps.close();
        }
        if (j == 3) {
            String S3 = ""; // 员工编号
            System.out.print("输入你要删除车票信息表的员工编号：");
            try {
                Scanner input = new Scanner(System.in);
                S3 = input.next();
            } catch (Exception ex) {
            }
            PreparedStatement ps = DaoCon.getConnection().prepareStatement ("Delete from Staff
where Snum=? ");
            ps.setString(1, S3);
            ps.executeUpdate();
```

```
            System.out.println("已删除！ ");
            ps.close();
          }
        }
      }
    }
  }
```

7.5.2 数据库连接模块

本模块主要完成数据库连接的公共操作，并返回可用的连接。具体实现代码如下：

```
//连接 java 和数据库
class DaoCon {
    static String driverName = "com.microsoft.sqlserver.jdbc.SQLServerDriver";
    static String dbURL = "jdbc:sqlserver://localhost:1433;DatabaseName=kcsjsjk";
    static String userName = "sa";
    static String userPwd = "123456";

    publicstatic Connection getConnection() throws SQLException {
        Connection con = null;
        try {
            Class.forName(driverName);
            con = DriverManager.getConnection(dbURL, userName, userPwd);
        } catch (Exception e) {
            e.printStackTrace();
            con.close();
        }
        returncon;
    }
}
```

7.6　拓展练习

在系统中加入促销管理模块，根据车辆的品牌、车型、销售情况、会员信息设置车辆的促销活动，可针对某个会员、某个会员级别、某种车型、某个时间段等情况进行设置。

任务八　机票预订管理系统

8.1　任务描述

随着社会发展的不断进步，民航事业不断壮大，人们生活水平不断提高，乘坐民航的人也越来越多，飞机预订系统在各地预订网点的作用也愈显重要。在计算机技术快速发展的今天，有必要引进高效的计算机系统来协助机票预订工作。因此开发一套具有完整的存储、查询、核对机票功能的实时机票预订系统势在必行。机票预订系统应克服存储乘客信息少、查询效率低下等问题，这关系到航班和乘客的安全及准确。

本任务以机票预订信息系统为背景，面向广大机票预订网点，开发供航空公司管理人员通过电脑操作进行机票预订管理的软件系统。使机票预订管理工作系统化、规范化、自动化，减轻机场工作人员的工作负担，提高整个订票流程的效率。

8.2　需求分析

本系统的用户主要是需购买机票的消费者、机票销售业务人员和计算机系统管理员，因此系统应包含以下主要功能：

1. 用户登录

登录功能是进入系统必须经过的验证过程，其主要功能是验证使用者的身份，确认使用者的权限，从而在使用软件过程中能安全地控制系统数据，即不同的用户有不同的权限，每个使用人员不得跨越其权限操作软件，可以避免不必要的数据丢失事件发生。

2. 系统信息管理

计算机系统管理员所需要的主要功能，包括管理系统信息，对各部门人员、权限进行管理等。

3. 前台消费者管理

前台主要是针对购买机票的消费者的功能，包括用户的注册、航班的查询、浏览、机票购买，订单的查看、修改，用户信息的维护等。通过这些功能，达到帮助消费者方便快捷地注册、登录系统，快速准确地找到自己需要的航班，以较优惠的价格完成购买。并保证航空公司和消费者随时保持良好的联系，从而使消费者重复消费，提高旅客忠诚度，实现业绩增长的目的。

4. 后台业务人员管理

后台主要是针对航空公司员工的功能，包括航线信息录入、机票信息管理、机票销售记录的查询与统计等功能。通过机票销售信息管理功能，帮助航空公司从分析旅客的需求和自身情况入手，对航线组合、定价方法、促销活动，以及资金使用、航班经营和其他经营性指标进行全面管理，以保证在最佳的时间、将最合适的数量、按正确的价格向旅客提供机票，同时达到既定的经济效益指标。因此需要提供对任意机票信息的添加、修改、删除，做到对机票促销信息的及时维护。通过机票销售相关功能实现对全部销售情况进行监控，以确定各航班机票的销售情况，以及所有旅客的购买情况，以方便航空公司对于旅客优惠或机票促销做出及时调整。

8.3 功能结构设计

根据前述需求分析，得出系统应包含以下功能模块，如图 5.1 所示：

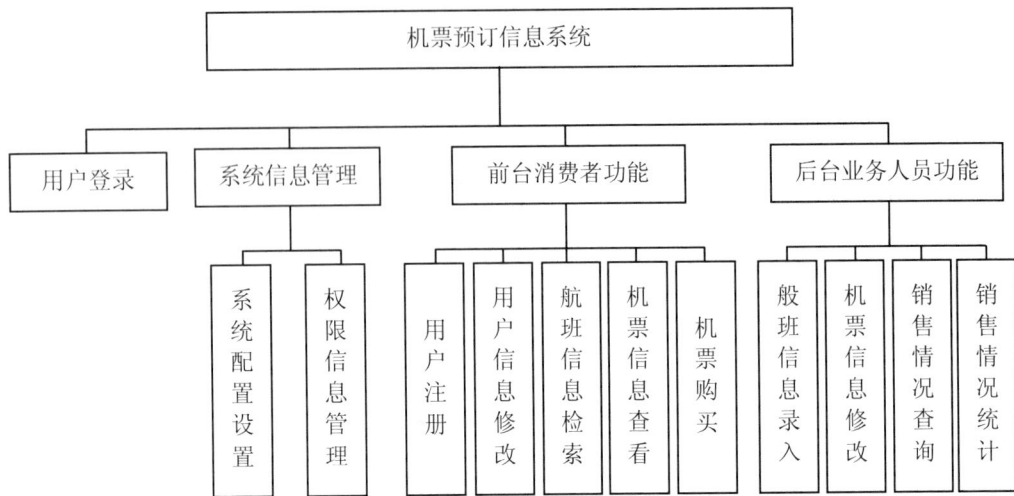

图 8.1 机票预订信息系统模块结构图

1. 用户登录

输入数据为用户名和密码。点击"确定"按钮后，若用户名、密码正确则根据用户角色提供相应信息界面，否则提示登录失败；点击"取消"按钮后退出系统。

2. 系统信息管理模块

（1）系统配置设置。

输入数据为数据库服务器地址、数据库连接用户名、数据库连接密码。点击"确定"按钮保存设置；点击"取消"按钮退出界面。

（2）权限信息管理。

通过列表显示所有员工的用户名、密码、部门等信息，提供增加、删除、修改相应信息的功能。各部门员工只能查询、管理本部门的航班和销售信息。

3. 前台消费者功能模块

（1）用户注册。

对首次购买机票的旅客提供其各项信息的输入，包括用户名、密码、姓名、性别、出生日期、身份证号、联系电话、家庭住址等。

（2）用户信息修改。

对旅客提供其各项信息的修改，包括联系电话、家庭住址等。

注意：为保持航空公司的市场占有率、维护航空公司与旅客的关系，在机票预订信息系统中一般不提供删除用户的功能。

（3）航班信息检索。

根据航班的航班号、起飞地、目的地、起飞时间等关键字检索航班信息，对于检索结果列出其航班号、起飞地、目的地、起飞时间、到达时间等信息。

（4）机票信息查看。

显示选定航班的所有相关机票信息，包括舱位、价格、折扣、剩余票数等。并提供机票购买入口。

（5）机票购买。

旅客选定要购买的机票后，系统自动根据机票的数量、价格、折扣计算出该笔订单的付款总额，并协助用户完成付款。

4. 后台业务人员功能

（1）航班信息录入。

对新开通的航班提供其各项信息的输入，包括航班号、起飞地、目的地、起飞时间、到达时间等。

（2）机票信息修改。

对航班现有机票提供其各项信息的修改，包括舱位、价格、折扣、剩余票数等。

注意：为保持航空公司航线种类齐全、提高航空公司竞争力，在机票预订信息系统中对于暂时停运的航线一般不提供删除功能。

（3）销售情况查询。

列表显示航空公司所有机票销售明细情况，提供按照航班号、用户名的精确查询功能，以及按照起飞地、目的地、机票舱位的模糊查询功能。

（4）销售情况统计。

提供对销售数据的汇总统计功能，包括：各航班机票每月的销售情况，提供排序及按照起飞地、目的地、机票舱位的模糊查询；各用户每月的消费情况，提供排序功能。

8.4 数据库设计

8.4.1 E-R 图

系统主要 E-R 图如图 8.2所示。

系统主要包含五类实体：

（1）旅客：作为系统的重要实体之一，旅客具有最多的属性，对于其属性的识别要严格参照功能需求，所有需要录入的信息都应仔细识别是否应作为属性添加到 E-R 图中。

（2）航班：系统中另一极为重要的实体，其属性的识别也应严格按照具体系统录入的需求进行，所有需要录入的信息都应仔细识别是否应作为属性添加到 E-R 图中。

（3）舱位：是每趟航班都具有的实体，也是决定机票价格的重要实体。

（4）机票：作为旅客登机的唯一凭证，同旅客和航班的关系都非常重要。

（5）订单：在机票预订信息系统中，机票不是独立存在的，是通过订单与旅客的购买行为联系在一起的。每名旅客可以下多份订单，每份订单只对应一名旅客，因此旅客与订单之间是一对多的关系。一个订单可包含多张机票，一张机票只对应一个订单，因此订单与机票之间是一对多的关系。

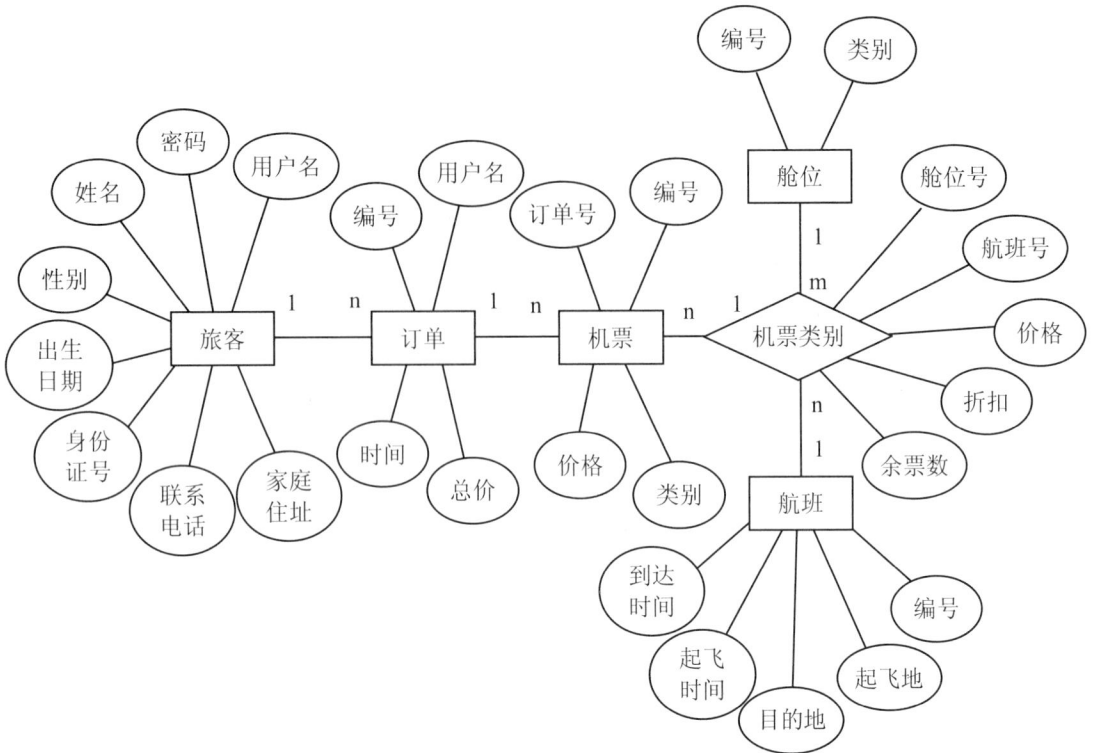

图 8.2 系统主要 E-R 图

系统中还应包含一个关系：

机票类别：在机票预订信息系统中，每趟航班都包含若干类型的舱位，而每种类型的舱位都可以出现在多趟航班上，可见航班与舱位是多对多的关系，因此需要使用机票类别关系进行拆分。在机票类别关系中限定了每趟航班中每个舱位的价格、折扣，每趟航班中包含多种机票类别，每种机票类别只对应一趟航班，每种舱位属于多种机票类别，每种机票类别只对应一种舱位。另外，机票类别还与机票有着一对多的关系，即每种机票类别对应多张机票，每张机票只属于一种机票类别。

另外，系统中还包含航空公司员工实体，较为简单，只包含用户名、密码、所管理的航班等属性，对重要业务不产生实质影响，故不再赘述。

8.4.2 数据库表设计

根据前述 E-R 图设计出系统具有如下表结构，其中，旅客信息表如表 8.1 所示。

表 8.1 旅客信息表

编号	字段名称	数据类型	说明
1	编号	int	自增
2	用户名	varchar(20)	主键

编号	字段名称	数据类型	说明
3	密码	varchar(20)	
4	姓名	varchar(20)	
5	性别	int	性别(0—男，1—女)
6	出生日期	date	
7	身份证号	varchar(20)	
8	联系电话	varchar(20)	
9	家庭住址	varchar(50)	

旅客信息表与旅客实体相对应，包含其所有属性。其中用户名字段应设为主键，以保持数据完整性。

需要注意的是身份证号字段，通过居民身份证号可以唯一标识中国公民身份，具有作为主键的天然优势。但本系统的主要业务是管理预订机票的旅客身份，以用户名作为主键再与其他表进行关联、查询等操作时会更方便。对身份证号唯一性的检验可通过在此字段上另外添加约束来实现。

订单信息表如表8.2所示。

表8.2 订单信息表

编号	字段名称	数据类型	说明
1	编号	int	主键、自增
2	用户名	varchar(20)	外键
3	时间	datetime	
4	总价	float	

订单信息表与订单实体相对应，包含其所有属性。其中编号字段应设为主键并自增，以保持数据完整性。用户名为外键与旅客信息表关联，用以表示订单中所属的旅客。由于机票的价格、折扣等信息经常会发生变动，所以使用总价字段保存本订单中所有机票价格的总计，并作为历史记录保存。

机票信息表如表8.3所示。

表8.3 机票信息表

编号	字段名称	数据类型	说明
1	编号	int	主键、自增
2	订单号	int	外键
3	类别	int	外键
4	价格	float	

机票信息表与机票实体相对应，包含其所有属性。其中编号字段应设为主键并自增，以

保持数据完整性。订单号为外键与订单信息表关联，用以表示机票所属的订单。类别为外键与机票类别表关联，用以表示机票所属的类别。由于机票的价格经常会发生变动，所以使用价格字段保存订购时机票的价格，并作为历史记录保存。

舱位信息表如表 8.4 所示。

表 8.4　舱位信息表

编号	字段名称	数据类型	说明
1	编号	int	主键、自增
2	类别	varchar(10)	

舱位信息表与舱位实体相对应，包含其所有属性。其中编号字段应设为主键并自增，以保持数据完整性。类别为舱位所属类别，如头等舱、商务舱、经济舱等。

航班信息表如表 8.5 所示。

表 8.5　航班信息表

编号	字段名称	数据类型	说明
1	编号	varchar(10)	主键
2	起飞地	varchar(20)	
3	目的地	varchar(20)	
4	起飞时间	datetime	
5	到达时间	datetime	

航班信息表与航班实体相对应，包含其所有属性。其中编号字段应设为主键，以保持数据完整性。此处的编号使用字母与数字组合的方式表示航空公司和航班号，因此应使用 varchar 类型的字段。

机票类别信息表如表 8.6 所示。

表 8.6　机票类别信息表

编号	字段名称	数据类型	说明
1	编号	int	自增
2	航班号	varchar(20)	联合主键、外键
3	舱位号	int	联合主键、外键
4	价格	float	
5	折扣	float	
6	余票数	int	

机票类别信息表与机票类别关系相对应，包含其所有属性。其中航班号、舱位号字段应设为联合主键，以保持数据完整性。同时航班号字段还作为外键与航班信息表关联，用以表示机票类别所属的航班。舱位号还作为外键与舱位信息表关联，用以表示机票列表信息所对应的舱位。余票数字段用于在旅客订票时提供某趟航班某个舱位当前剩余的票数。另外，为管理方

便，机票类别信息表中还可添加编号字段，并设为自增。

员工信息表如表 8.7 所示。

表 8.7　员工信息表

编号	字段名称	数据类型	说明
1	用户名	varchar(20)	主键
2	密码	varchar(20)	
3	管理类别	varchar(20)	所管理航班的类别

员工信息表与员工实体相对应，包含其所有属性。其中用户名字段应设为主键，以保持数据完整性。管理类别字段也可使用 int 型数据，用整型数表示，但需在程序中作数字与文字的转换。

8.4.3　数据库构建

数据库在 SQL Server 2008 数据库环境下构建，SQL 脚本代码如下，该代码包含了表、主键、外键关系、触发器等元素。为方便读者阅读，所有表名、字段名等名称都使用了中文，读者自行练习时应将其改为英文。

```
--建表
CREATE TABLE [dbo].[旅客信息表](
    [编号] [int] IDENTITY(1,1) NOT NULL, --自增
    [用户名] [varchar](20) NOT NULL,
    [密码] [varchar](20) NOT NULL,
    [姓名] [varchar](20) NOT NULL,
    [性别] [int] NOT NULL,
    [出生日期] [date] NOT NULL,
    [身份证号] [varchar](20) NOT NULL,
    [联系电话] [varchar](20) NOT NULL,
    [家庭住址] [varchar](50) NULL,
CONSTRAINT [PK_旅客信息表] PRIMARY KEY CLUSTERED
(
    [用户名] ASC
)WITH
(PAD_INDEX=OFF,STATISTICS_NORECOMPUTE=OFF,IGNORE_DUP_KEY=OFF,ALLOW_RO
W_LOCKS=ON,ALLOW_PAGE_LOCKS=ON)ON [PRIMARY]
)ON [PRIMARY]

--建表
CREATE TABLE [dbo].[订单信息表](
    [编号] [int] IDENTITY(1,1) NOT NULL, --自增
    [用户名] [varchar](20) NOT NULL,
    [时间] [datetime] NOT NULL,
    [总价] [float] NOT NULL,
```

```
        CONSTRAINT [PK_订单信息表] PRIMARY KEY CLUSTERED
        (
            [编号] ASC
        )WITH
        (PAD_INDEX=OFF,STATISTICS_NORECOMPUTE=OFF,IGNORE_DUP_KEY=OFF,ALLOW_RO
        W_LOCKS=ON,ALLOW_PAGE_LOCKS=ON)ON [PRIMARY]
        )ON [PRIMARY]


        --建立外键关系
        ALTER TABLE [dbo].[订单信息表] WITH CHECK ADD CONSTRAINT [FK_订单信息表_旅客信息
        表] FOREIGN KEY([用户名])
        REFERENCES [dbo].[旅客信息表]([用户名])
        ALTER TABLE [dbo].[订单信息表] CHECK CONSTRAINT [FK_订单信息表_旅客信息表]


        --建表
        CREATE TABLE [dbo].[机票信息表](
            [编号] [int] IDENTITY(1,1) NOT NULL, --自增
            [订单号] [int] NOT NULL,
            [类别] [int] NOT NULL,
            [价格] [float] NOT NULL,
        CONSTRAINT [PK_机票信息表] PRIMARY KEY CLUSTERED
        (
            [编号] ASC,
        )WITH
        (PAD_INDEX=OFF,STATISTICS_NORECOMPUTE=OFF,IGNORE_DUP_KEY=OFF,ALLOW_RO
        W_LOCKS=ON,ALLOW_PAGE_LOCKS=ON)ON [PRIMARY]
        )ON [PRIMARY]


        --建立外键关系
        ALTER TABLE [dbo].[机票信息表] WITH CHECK ADD CONSTRAINT [FK_机票信息表_订单信息
        表] FOREIGN KEY([订单号])
        REFERENCES [dbo].[订单信息表]([编号])
        ALTER TABLE [dbo].[机票信息表] CHECK CONSTRAINT [FK_机票信息表_订单信息表]


        ALTER TABLE [dbo].[机票信息表] WITH CHECK ADD CONSTRAINT [FK_机票信息表_类别信息
        表] FOREIGN KEY([类别])
        REFERENCES [dbo].[类别信息表]([编号])
        ALTER TABLE [dbo].[机票信息表] CHECK CONSTRAINT [FK_机票信息表_类别信息表]


        --建表
        CREATE TABLE [dbo].[舱位信息表](
            [编号] [int] IDENTITY(1,1) NOT NULL, --自增
            [类别] [varchar](10) NOT NULL,
```

```
CONSTRAINT [PK_舱位信息表] PRIMARY KEY CLUSTERED
(
    [编号] ASC
)WITH
(PAD_INDEX=OFF,STATISTICS_NORECOMPUTE=OFF,IGNORE_DUP_KEY=OFF,ALLOW_RO
W_LOCKS=ON,ALLOW_PAGE_LOCKS=ON)ON [PRIMARY]
)ON [PRIMARY]


--建表
CREATE TABLE [dbo].[航班信息表](
    [编号] [varchar](10) NOT NULL,
    [起飞地] [varchar](20) NOT NULL,
    [目的地] [varchar](20) NOT NULL,
    [起飞时间] [datetime] NOT NULL,
    [到达时间] [datetime] NOT NULL,
CONSTRAINT [PK_车辆信息表] PRIMARY KEY CLUSTERED
(
    [编号] ASC
)WITH
(PAD_INDEX=OFF,STATISTICS_NORECOMPUTE=OFF,IGNORE_DUP_KEY=OFF,ALLOW_RO
W_LOCKS=ON,ALLOW_PAGE_LOCKS=ON)ON [PRIMARY]
)ON [PRIMARY]


--建表
CREATE TABLE [dbo].[机票类别信息表](
    [编号] [int] IDENTITY(1,1) NOT NULL, --自增
    [航班号] [varchar](10) NOT NULL,
    [舱位号] [int] NOT NULL,
    [价格] [float] NOT NULL,
    [折扣] [float] NOT NULL,
    [余票数] [int] NOT NULL,
CONSTRAINT [PK_机票类别信息表] PRIMARY KEY CLUSTERED
(
    [航班号] ASC,
    [舱位号] ASC,
)WITH
(PAD_INDEX=OFF,STATISTICS_NORECOMPUTE=OFF,IGNORE_DUP_KEY=OFF,ALLOW_RO
W_LOCKS=ON,ALLOW_PAGE_LOCKS=ON)ON [PRIMARY]
)ON [PRIMARY]


--建立外键关系
ALTER TABLE [dbo].[机票类别信息表] WITH CHECK ADD CONSTRAINT [FK_机票类别信息表_
航班信息表] FOREIGN KEY([航班号])
```

REFERENCES [dbo].[航班信息表]([编号])
ALTER TABLE [dbo].[机票类别信息表] CHECK CONSTRAINT [FK_机票类别信息表_航班信息表]

ALTER TABLE [dbo].[机票类别信息表] WITH CHECK ADD CONSTRAINT [FK_机票类别信息表_舱位信息表] FOREIGN KEY([舱位号])
REFERENCES [dbo].[舱位信息表]([编号])
ALTER TABLE [dbo].[机票类别信息表] CHECK CONSTRAINT [FK_机票类别信息表_舱位信息表]

```
--建表
CREATE TABLE [dbo].[员工信息表](
    [用户名] [varchar](20) NOT NULL,
    [密码] [varchar](20) NOT NULL,
    [管理类别] [varchar](20) NOT NULL,
CONSTRAINT [PK_员工信息表] PRIMARY KEY CLUSTERED
(
    [用户名] ASC,
)WITH
(PAD_INDEX=OFF,STATISTICS_NORECOMPUTE=OFF,IGNORE_DUP_KEY=OFF,ALLOW_RO
W_LOCKS=ON,ALLOW_PAGE_LOCKS=ON)ON [PRIMARY]
)ON [PRIMARY]

--建立触发器，当向机票信息表中添加一条数据时，自动将机票类别信息表中的余票数减一
CREATE TRIGGER [dbo].[修改余票数触发器]
ON [dbo].[机票信息表]
AFTER INSERT
AS
BEGIN
    SET NOCOUNT ON;
    DECLARE @类别编号 int
    SELECT @类别编号=类别
    FROM inserted
    UPDATE dbo.机票类别信息表
    SET 余票数=余票数-1
    WHERE 编号=@类别编号
END
```

8.5　关键代码示例

8.5.1　数据处理模块

在系统中多处都需要连接数据库处理数据，因此将数据库的连接、SQL 执行等功能抽象出来作为单独的数据处理工具类，可提高数据处理效率，减少代码冗余，提高代码重用性。相

关代码如下：

```java
import java.sql.*;
import java.util.*;
import javax.swing.*;

public class JPModel extends AbstractTableModel {
    Vector columNames, rowData;
    // 操作数据库
    String driverName = "com.microsoft.sqlserver.jdbc.SQLServerDriver";
    String dbURL = "jdbc:sqlserver://localhost:1433;DatabaseName=JPXT";
    String userName = "sa";
    String userPwd = "GUO520";
    Connection ct = null;
    PreparedStatement ps = null;
    ResultSet rs = null;

    public void init(String sql) {
        if (sql.equals("")) {
            sql = "select * from jpxx";
        }
        columNames = new Vector();
        columNames.add("班次");
        columNames.add("出发地");
        columNames.add("目的地");
        columNames.add("票价");
        columNames.add("折扣");
        columNames.add("剩余票数");
        rowData = new Vector();
        try {
            Class.forName(driverName);
            ct = DriverManager.getConnection(dbURL, userName, userPwd);
            ps = ct.prepareStatement(sql);
            rs = ps.executeQuery();
            while (rs.next()) {
                Vector hang = new Vector();
                hang.add(rs.getString(1));
                hang.add(rs.getString(2));
                hang.add(rs.getString(3));
                hang.add(rs.getFloat(4));
                hang.add(rs.getFloat(5));
                hang.add(rs.getString(6));
                // 把定义的行加入到 rowData
                rowData.add(hang);
```

```
            }
      } catch (Exception e) {
            e.printStackTrace();
      } finally {
            try {
                  if (ps != null)
                        ps.close();
                  if (ct != null)
                        ct.close();
                  if (rs != null)
                        rs.close();
            } catch (Exception e) {
                  e.printStackTrace();
            }
      }
}

public void init1(String sql) {
      if (sql.equals("")) {
            sql = "select * from ddxx";
      }
      columNames = new Vector();
      columNames.add("订单号");
      columNames.add("姓名");
      columNames.add("身份证号");
      columNames.add("订票数量");
      columNames.add("班次");
      columNames.add("出发地");
      columNames.add("目的地");
      columNames.add("出发时间");
      columNames.add("到达时间");
      columNames.add("总票价");
      // rowData 可以存放多行
      rowData = new Vector();
      try {
            Class.forName(driverName);
            ct = DriverManager.getConnection(dbURL, userName, userPwd);
            ps = ct.prepareStatement(sql);
            rs = ps.executeQuery();
            while (rs.next()) {
                  Vector hang = new Vector();
                  hang.add(rs.getString(1));
                  hang.add(rs.getString(2));
```

```
                    hang.add(rs.getString(3));
                    hang.add(rs.getString(4));
                    hang.add(rs.getString(5));
                    hang.add(rs.getString(6));
                    hang.add(rs.getString(7));
                    hang.add(rs.getString(8));
                    rowData.add(hang);
                }
        } catch (Exception e) {
                e.printStackTrace();
        } finally {
                try {
                        if (ps != null)
                                ps.close();
                        if (ct != null)
                                ct.close();
                        if (rs != null)
                                rs.close();
                } catch (Exception e) {
                        e.printStackTrace();
                }
        }
}
// sql 用来传递操作语句，array 用来当注入数据的数据
public boolean UpdateInformation(String sql, String[] array) {
        boolean b = true;
        try {
                // 加载驱动
                Class.forName(driverName);
                ct = DriverManager.getConnection(dbURL, userName, userPwd);
                ps = ct.prepareStatement(sql);
                // 用数组得到注入的数据
                for (int i = 0; i<array.length; i++) {
                        ps.setString(i + 1, array[i]);
                }
                // 执行
                if (ps.executeUpdate() != 1) {
                        b = false;
                }
        } catch (Exception e) {
                b = false;
                e.printStackTrace();
        } finally {
                try {
```

```
                        if (ps != null)
                            ps.close();
                        if (ct != null)
                            ct.close();
                } catch (Exception e) {
                    e.printStackTrace();
                }
            }
        return b;
    }

    // 通过传递的 sql 语句来获得数据模型
    public JPModel(String sql) {
        this.init(sql);
    }

    public JPModel() {
        this.init("");
    }

    @Override
    public int getRowCount() {
        return this.rowData.size();
    }

    @Override
    public int getColumnCount() {
        return this.columNames.size();
    }

    @Override
    public Object getValueAt(int row, int column) {
        return ((Vector) this.rowData.get(row)).get(column);
    }

    @Override
    public String getColumnName(int column) {
        return (String) this.columNames.get(column);
    }

}
```

8.5.2　后台管理员模块

管理员登录进入系统后，在界面中显示当前可管理的所有航班信息，并可执行航班的查询、添加、修改、删除等操作，其界面如图 8.3所示。

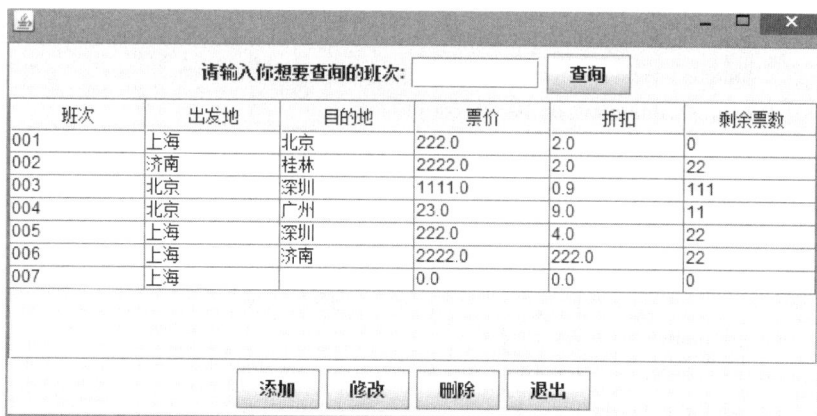

图 8.3　管理员模块界面

本界面采用表格显示主要航班信息，使用文本框及按钮接收用户操作。点击相关按钮后以对话框的形式执行后续子模块功能。实现代码如下：

```java
import java.awt.*;
import javax.swing.*;
import xt.JPUpdate;
import xt.JPAdd;
import xt.JPModel;
import java.awt.event.*;
import java.*;
import java.util.Vector;

public class Administrator extends JFrame implements ActionListener {
    JPanel jp1, jp2;
    JButton button1, button2, button3, button4, button5;
    JScrollPane jsp = null;// JScrollPane 管理视图、可选的垂直和水平滚动条以及可选的行和列标题视图
    JTable jt;// 组件表格
    JPModel sm;
    JLabel jl;// 组件标签
    JTextField jtf;// 组件

    public Administrator() {
        jp1 = new JPanel();
        jp2 = new JPanel();
        jl = new JLabel("请输入你想要查询的班次：");
        jtf = new JTextField(8);

        button1 = new JButton("查询");
```

```java
        button1.addActionListener(this);// this 代表 StuManage 类的对象实现接口
        button2 = new JButton("添加");
        button2.addActionListener(this);
        button3 = new JButton("修改");
        button3.addActionListener(this);
        button4 = new JButton("删除");
        button4.addActionListener(this);
        button5 = new JButton("退出");
        button5.addActionListener(this);

        jp1.add(jl);
        jp1.add(jtf);
        jp1.add(button1);
        jp2.add(button2);
        jp2.add(button3);
        jp2.add(button4);
        jp2.add(button5);
        // 创建一个数据模型对象
        sm = new JPModel();
        jt = new JTable(sm);
        jsp = new JScrollPane(jt);
        this.add(jp1, BorderLayout.NORTH);
        this.add(jp2, BorderLayout.SOUTH);
        this.add(jsp);
        this.setSize(600, 300);
        this.setLocation(200, 100);
        this.setDefaultCloseOperation(EXIT_ON_CLOSE);
        this.setVisible(true);
    }

    @Override
    public void actionPerformed(ActionEvent e) {
        if (e.getSource() == button1) {
            String BC = this.jtf.getText().trim();
            if (BC.equals("")) {
                JOptionPane.showMessageDialog(this, "请输入班次进行查询！");
            } else {
                String sql = "select * from jpxx where  班次='" + BC + "'";
                sm = new JPModel(sql);
                jt.setModel(sm);
            }
        }
        else if (e.getSource() == button2) {
```

```
                JPAdd sa = new JPAdd(this, "添加信息窗口", true);
                sm = new JPModel();
                jt.setModel(sm);
        }
        // 进行修改
        else if (e.getSource() == button3) {
                int rownum = jt.getSelectedRow();
                // 如果用户未选择任何一行，则弹出对话框，提示必须选择一行数据才能修改
                if (rownum == -1) {
                        // this 即当前窗口，此处弹出对话框
                        JOptionPane.showMessageDialog(this, "必须选择一行数据才能进行修改");
                        return;
                } else {
                        JPUpdate s = new JPUpdate(this, "修改航班信息", true, sm, rownum);
                        sm = new JPModel();
                        jt.setModel(sm);
                }
        }
        // 进行删除
        else if (e.getSource() == button4) {
                // 得到所选中的数据，如果未选择任何一行，则返回-1
                int rownum = jt.getSelectedRow();
                if (rownum == -1) {
                        JOptionPane.showMessageDialog(this, "必须选择一行数据才能删除");
                        return;
                } else {
                        String s = (String) sm.getValueAt(rownum, 0);
                        JPModel temp = new JPModel();
                        String sql = "delete from jpxx where  班次=?";
                        String[] array = { s };
                        temp.UpdateStudent(sql, array);
                        sm = new JPModel();
                        jt.setModel(sm);
                }
        } else if (e.getSource() == button5) {
                System.exit(0);
        }
    }
}
```

以添加航班信息为例，点击"添加"按钮后显示此界面，可在此界面中录入相关航班的信息，其界面如图 8.4所示。

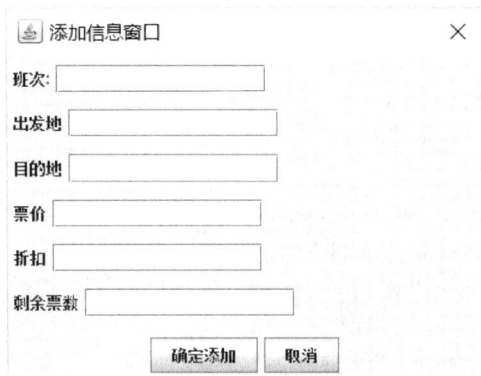

图 8.4　添加航班信息界面

实现代码如下：

```java
import java.awt.*;
import javax.swing.*;
import xt.JPModel;
import java.awt.event.*;
import java.sql.*;


public class JPAdd extends JDialog implements ActionListener {
    JLabel jl1, jl2, jl3, jl4, jl5, jl6;
    JTextField jtf1, jtf2, jtf3, jtf4, jtf5, jtf6;
    JButton button1, button2;
    JPanel jp1, jp2, jp3, jp4, jp5, jp6, jp7, jp8;

    public JPAdd(Frame owner, String title, boolean model) {
        // 调用父类构造方法，达到模式对话框效果
        super(owner, title, model);
        // 定义 JLabel
        jl1 = new JLabel("班次：");
        jl2 = new JLabel("出发地");
        jl3 = new JLabel("目的地");
        jl4 = new JLabel("票价");
        jl5 = new JLabel("折扣");
        jl6 = new JLabel("剩余票数");
        jtf1 = new JTextField(15);
        jtf2 = new JTextField(15);
        jtf3 = new JTextField(15);
        jtf4 = new JTextField(15);
        jtf5 = new JTextField(15);
        jtf6 = new JTextField(15);
        // 定义 JTextField
        button1 = new JButton("确定添加");
```

```
        button1.addActionListener(this);
        button2 = new JButton("取消");
        button2.addActionListener(this);
        jp1 = new JPanel();
        jp1.setLayout(new FlowLayout(FlowLayout.LEFT));
        jp2 = new JPanel();
        jp2.setLayout(new FlowLayout(FlowLayout.LEFT));
        jp3 = new JPanel();
        jp3.setLayout(new FlowLayout(FlowLayout.LEFT));
        jp4 = new JPanel();
        jp4.setLayout(new FlowLayout(FlowLayout.LEFT));
        jp5 = new JPanel();
        jp5.setLayout(new FlowLayout(FlowLayout.LEFT));
        jp6 = new JPanel();
        jp6.setLayout(new FlowLayout(FlowLayout.LEFT));
        jp1.add(jl1);
        jp1.add(jtf1);
        jp2.add(jl2);
        jp2.add(jtf2);
        jp3.add(jl3);
        jp3.add(jtf3);
        jp4.add(jl4);
        jp4.add(jtf4);
        jp5.add(jl5);
        jp5.add(jtf5);
        jp6.add(jl6);
        jp6.add(jtf6);
        jp7 = new JPanel(new GridLayout(6, 1));
        jp7.add(jp1);
        jp7.add(jp2);
        jp7.add(jp3);
        jp7.add(jp4);
        jp7.add(jp5);
        jp7.add(jp6);
        jp8 = new JPanel();
        jp8.add(button1);
        jp8.add(button2);
        this.add(jp7);
        this.add(jp8, BorderLayout.SOUTH);
        this.setSize(400, 300);
        this.setLocation(300, 100);
        this.setVisible(true);
    }
```

```
        @Override
        public void actionPerformed(ActionEvent e) {
            if (e.getSource() == button1) {
                JPModel temp = new JPModel();
                String sql = "insert into jpxx values(?,?,?,?,?,?)";
                String array[] = { jtf1.getText(), jtf2.getText(), jtf3.getText(), jtf4.getText(), jtf5.getText(),
                        jtf6.getText() };
                if (!temp.UpdateStudent(sql, array)) {
                    JOptionPane.showMessageDialog(this, "添加失败");
                }
                // 关闭对话框
                this.dispose();
            } else if (e.getSource() == button2) {
                this.dispose();
            }
        }

    }
```

8.5.3 前台用户模块

乘客登录进入系统后，可在此界面查询航班，并执行订票、退票、查看航班等操作。前台用户模块界面如图 8.5 所示。

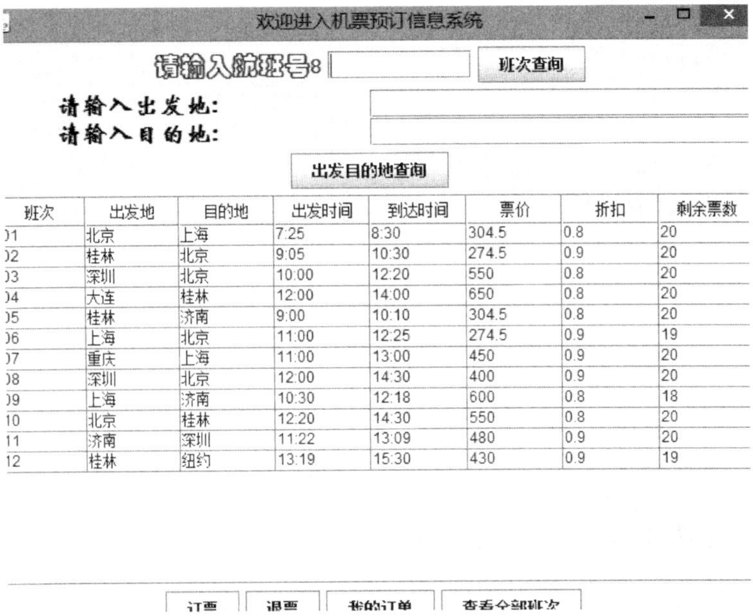

班次	出发地	目的地	出发时间	到达时间	票价	折扣	剩余票数
01	北京	上海	7:25	8:30	304.5	0.8	20
02	桂林	北京	9:05	10:30	274.5	0.9	20
03	深圳	北京	10:00	12:20	550	0.8	20
04	大连	桂林	12:00	14:00	650	0.8	20
05	桂林	济南	9:00	10:10	304.5	0.8	20
06	上海	北京	11:00	12:25	274.5	0.9	19
07	重庆	上海	11:00	13:00	450	0.9	20
08	深圳	北京	12:00	14:30	400	0.9	20
09	上海	济南	10:30	12:18	600	0.8	18
10	北京	桂林	12:20	14:30	550	0.8	20
11	济南	深圳	11:22	13:09	480	0.9	20
12	桂林	纽约	13:19	15:30	430	0.9	19

图 8.5　前台用户模块界面

本界面采用表格显示主要航班信息，使用文本框及按钮接收用户操作。点击相关按钮后以对话框的形式执行后续子模块功能。实现代码如下：

```java
import java.awt.*;
import javax.swing.*;
import java.awt.event.*;

public class Query extends JFrame implements ActionListener {
    TicketModel tm = null;
    JLabel jl1, jl2, jl3;
    JTextField jtf1, jtf2, jtf3;
    JButton button1, button2, button3, button4, button5, button6;
    JPanel jp1, jp2, jp3, jp4, jp5;
    JTable jt;
    JScrollPane jsp;
    int rownum;

    public Query() {
        jl1 = new JLabel("请输入航班号：");
        jl2 = new JLabel("请输入出发地：");
        jl3 = new JLabel("请输入目的地：");
        jl1.setForeground(Color.red);
        jl2.setForeground(Color.blue);
        jl3.setForeground(Color.blue);
        jl1.setFont(new Font("华文彩云", Font.BOLD, 20));
        jl2.setFont(new Font("华文新魏", Font.BOLD, 20));
        jl3.setFont(new Font("华文新魏", Font.BOLD, 20));
        jtf1 = new JTextField(10);
        jtf2 = new JTextField(10);
        jtf3 = new JTextField(10);
        button1 = new JButton("班次查询");
        button1.addActionListener(this);
        button2 = new JButton("出发目的地查询");
        button2.addActionListener(this);
        button3 = new JButton("订票");
        button3.addActionListener(this);
        button4 = new JButton("退票");
        button4.addActionListener(this);
        button5 = new JButton("我的订单");
        button5.addActionListener(this);
        button6 = new JButton("查看全部班次");
        button6.addActionListener(this);
        jp1 = new JPanel();
        jp1.add(jl1);
        jp1.add(jtf1);
```

```
    jp1.add(button1);
    jp2 = new JPanel(new GridLayout(2, 2));
    jp2.add(jl2);
    jp2.add(jtf2);
    jp2.add(jl3);
    jp2.add(jtf3);
    jp3 = new JPanel();
    jp3.add(button2);
    jp4 = new JPanel(new BorderLayout());
    jp4.add(jp1, BorderLayout.NORTH);
    jp4.add(jp2);
    jp4.add(jp3, BorderLayout.SOUTH);
    jp5 = new JPanel();
    jp5.add(button3);
    jp5.add(button4);
    jp5.add(button5);
    jp5.add(button6);
    tm = new TicketModel();
    jt = new JTable(tm);
    jsp = new JScrollPane(jt);
    this.add(jsp);
    this.add(jp4, BorderLayout.NORTH);
    this.add(jp5, BorderLayout.SOUTH);
    this.setLocation(300, 100);
    this.setSize(630, 500);
    this.setVisible(true);
    this.setTitle("欢迎进入机票预订信息系统");
    this.setDefaultCloseOperation(EXIT_ON_CLOSE);
}

@Override
public void actionPerformed(ActionEvent e) {
    // 定义一个数组，获取所有的航班的班次，以便于下面功能的使用
    String str = "0";
    String[] arr = new String[tm.rowData.size()];
    // 将 arr 数组赋值为全部数值
    for (int i = 0; i < tm.rowData.size(); i++) {
        if (i < 9) {
            arr[i] = str + "0" + (i + 1);
        } else {
            arr[i] = str + (i + 1);
        }
    }
```

```java
if (e.getSource() == button1) {
    Boolean b = false;
    for (int j = 0; j < tm.rowData.size(); j++) {
        String name = this.jtf1.getText().trim();
        if (name.equals(arr[j])) {
            String[] ss = new String[tm.columNames.size()];
            for (int n = 0; n < tm.columNames.size(); n++) {
                ss[n] = (String) tm.getValueAt(j, n);
            }
            b = true;
            TicketModel tm = new TicketModel(ss);
            jt.setModel(tm);
        }
    }
    if (b == false) {
        JOptionPane.showMessageDialog(this, "抱歉，不存在此航班，请在已有的航班范围内查找！");
    }
} else if (e.getSource() == button2) {
    String start = this.jtf2.getText().trim();
    String to = this.jtf3.getText().trim();
    Boolean b = false;
    // 查询表中出发地和目的地均相同的数据，并显示该行
    for (int i = 0; i < tm.rowData.size(); i++) {
        if ((start.equals(tm.getValueAt(i, 1))) && (to.equals(tm.getValueAt(i, 2)))) {
            b = true;
            String[] ss = new String[tm.columNames.size()];
            for (int n = 0; n < tm.columNames.size(); n++) {
                ss[n] = (String) tm.getValueAt(i, n);
            }
            // 把数组传给 TicketModel，显示查询到的信息
            tm = new TicketModel(ss);
            jt.setModel(tm);
        }
    }
    if (b == false) {
        JOptionPane.showMessageDialog(this, "抱歉，不存在此航班，请在已有的航班范围内查找！");
    }

} else if (e.getSource() == button3) {
    // 先得到用户选择的行数
    rownum = jt.getSelectedRow();
    // rownum 是从 0 开始的
    if (rownum == -1) {
```

```
        JOptionPane.showMessageDialog(this, "必须选择一个班次才能进行预订");
      } else {
        // 得到当前选定行的现有票数，并将其转换为整数
        String numTicket = (String) (tm.getValueAt(rownum, 7));
        int num = Integer.parseInt(numTicket);
        // 当票数大于 0 的时候，如果没有选择一行，则提示必须选择一行才能进行预订
        if (num > 0) {
          int rows = rownum + 1;// 要修改的行
          PassengerInfo pi = new PassengerInfo(this, "请输入您的信息", true, tm, rownum);
          // 得到用户输入的票数，如果用户输入的票数小于剩下的票数可以预订，否则不能预订
          int num2 = pi.getTicketnum();
          if (num2 <= num) {
            int yuxia = num - num2;
            tm.update(rows, num + "", yuxia + "");
          } else {
            JOptionPane.showMessageDialog(this, "您购买的票数不能超过现有的票数");
            return;
          }
        } else {
          JOptionPane.showMessageDialog(this, "本次航班已无票，您可以选择和它相邻的另外一
个航班进行购票");
        }
      }
    }
    // button4 的功能是退票
    else if (e.getSource() == button4) {
      // 得到选中的行数.
      int rownum4 = jt.getSelectedRow();
      // 得到要修改的行数
      int modify = rownum4 + 1;
      // 先得到班次，然后用该班次去匹配退票的班次
      TicketModel tm1 = new TicketModel();
      String s2 = "all2";
      tm = new TicketModel(s2);
      // 得到订单中的班次
      String banci = (String) tm.getValueAt(rownum4, 4);
      // 得到订单表中的票数
      String snum1 = (String) tm.getValueAt(rownum4, 3);
      // 把票数转为整型
      int now_num1 = Integer.parseInt(snum1);
      // 得到订单表中将要退票的那一行的全部数据，并用空格替换
      String[] ss = new String[tm.columNames.size()];
      String all = "";
```

```
            for (int m = 0; m < tm.columNames.size(); m++) {
                ss[m] = (String) tm.getValueAt(rownum4, m);
            }
            for (int n = 0; n < tm.columNames.size() - 1; n++) {
                all += ss[n] + "";
            }
            // all 即为那一行的全部信息，要注意最后一个是不用加空格的，所以要单独把它写出来
            all += ss[tm.columNames.size() - 1];
            // 用空格把 all 替换掉
            tm.update(modify, all, "");
            // 刷新现在的订单界面
            tm = new TicketModel("d");
            jt.setModel(tm);
            // 得到退票之后该班次应有的票数，然后用应有的票数替换原来的票数
            String sub = banci.substring(4);
            int nsub = Integer.parseInt(sub);
            String sn = (String) tm1.getValueAt(nsub - 1, 7);
            int snum = Integer.parseInt(sn);
            int nowSnum = snum + now_num1;
            // 替换票数
            tm.update(nsub, sn, nowSnum + "");
        }
        // button5 实现我的订单查看功能
        else if (e.getSource() == button5) {
            String s = "all";
            tm = new TicketModel(s);
            jt.setModel(tm);
        } // button6 是刷新，可以看到订票和退票之后的余票数
        else if (e.getSource() == button6) {
            tm = new TicketModel();
            jt.setModel(tm);
        }
    }
}
```

8.6　拓展练习

完善系统，加入多用户后台管理功能，使系统可以供多家航空公司共同使用，前台显示多家航空公司的航班、机票信息。方便用户对多家航空公司的同类机票进行比较、选择。

参考文献

[1] 王珊，萨师煊．数据库系统概论．第 4 版．北京：高等教育出版社，2006．

[2] 仝春灵，沈祥玖，刘丽，丁亚明．数据库原理及应用——SQL Server 2005．北京：中国水利水电出版社，2009．

[3] 沈祥玖，尹涛．数据库系统原理及应用——Access．第 2 版．北京：高等教育出版社，2007．

[4] 耿祥义，张跃平．Java 程序设计实用教程．第 2 版．北京：人民邮电出版社，2015．

[5] 雍俊海．Java 程序设计教程．第 3 版．北京：清华大学出版社，2014．